河蟹这样养殖

就 赚 钱

羊 茜 占家智 编著

科学技术文献出版社
SCIENTIFIC AND TECHNICAL DOCUMENTATION PRESS

图书在版编目(CIP)数据

河蟹这样养殖就赚钱/羊茜,占家智编著.—北京:科学技术文献出版社,
2013.1

ISBN 978-7-5023-7637-6

Ⅰ.①河… Ⅱ.①羊… ②占… Ⅲ.①中华绒螯蟹－淡水养殖
Ⅳ.①S966.16

中国版本图书馆 CIP 数据核字(2012)第 265837 号

河蟹这样养殖就赚钱

策划编辑:孙江莉 责任编辑:杜新杰 责任校对:张吲哚 责任出版:张志平

出 版 者	科学技术文献出版社	
地 址	北京市复兴路 15 号 邮编 100038	
编 务 部	(010)58882938,58882087(传真)	
发 行 部	(010)58882868,58882866(传真)	
邮 购 部	(010)58882873	
官 方 网 址	http://www.stdp.com.cn	
淘宝旗舰店	http://stbook.taobao.com	
发 行 者	科学技术文献出版社发行 全国各地新华书店经销	
印 刷 者	北京时尚印佳彩色印刷有限公司	
版 次	2013 年 1 月第 1 版 2013 年 1 月第 1 次印刷	
开 本	850×1168 1/32 开	
字 数	157 千	
印 张	8.5	
书 号	ISBN 978-7-5023-7637-6	
定 价	19.00 元	

目录
CONTENTS

　　河蟹肉鲜味美，历来为人所称赞，东坡居士有诗为证："不到庐山辜负目，不食螃蟹辜负腹。"它以丰富的营养、独特的风味而享誉海内外。

　　河蟹是中国的特产，也是人们特别喜爱的水产品，随着自然资源的日益减少，河蟹的人工养殖也日趋走向高潮。河蟹养殖已经有多年的历史，怎么养殖才能多赚钱？为了帮助广大农民朋友掌握最新的河蟹养殖技术，我们组织编写了《河蟹这样养殖就赚钱》，本书的内容丰富新颖，技术比较全面，重点介绍河蟹的仔幼蟹培育和成蟹养殖技术，还兼顾了河蟹饲料的供应及水草的种植技术，对河蟹的疾病防治和运输也做了一定的介绍。本书的一个重要特点是对养殖技术的介绍比较实用，尤其是池塘养殖河蟹、微孔增氧养殖河蟹、稻田养蟹、湖泊网围养蟹、滩涂低坝高栏养蟹、芦苇滩地养蟹、草荡养河蟹、河沟养殖河蟹、庭院养蟹技术、各种各样的河蟹混养与套养技术、河蟹越冬育肥技术等内容，是目前全国河蟹养殖同类书籍中养殖技巧最全面的书之一。

　　由于河蟹是在淡水中生长，在咸水中繁殖，因此人工繁殖河蟹需要特别的水质资源和相应的技术，对于广大养殖户来说，这是不方便使用的，因此本书对河蟹的繁殖育苗技术没有做深入介绍。

　　本书的养殖方案实用有效，可操作性强，适合全国各地河蟹养殖区的养殖户参考，对水产技术人员也有一定的参考价值。由于时间紧迫，本书中难免会有些失误，恳请读者朋友指正为感。

　　　　　　　　　　　　　　　　羊　茜

第一章 概 述

第一节 河蟹的分类地位与分布特点

一、河蟹的分类地位

河蟹，学名中华绒螯蟹（*Eriocheir Sinensis*），俗称毛蟹、螃蟹、大闸蟹、清水蟹、胜芳蟹，是我国的特产，也是我国产量最大的淡水蟹类。又根据其行为特征与身体结构而被称为"横行将军"或"无肠公子"。河蟹隶属于节肢动物门、甲壳纲、软甲亚纲、十足目、爬行亚目、短尾部、方蟹科、绒螯蟹属。

二、河蟹的分布特点

虽然河蟹在世界上许多地方都有分布，但唯有中国才形成其特有的种群和特定的产量。它在我国的分布较广，从北方辽宁省的辽河口到南方福建省的闽江口，各省通海河流中均有其踪迹，加上现在人工放流、池塘养蟹、大水面围栏网养蟹技术的发展与成熟，河蟹养殖已遍布全国。但是许多地方只能靠人工提供苗种而形成产蟹地区，却由于其不能自然繁殖，故又不能形成新的分布区。

目前我国的河蟹分布区域主要有3个：第一个分布区是以长江水系为主干，包括崇明、启东、海门、太仓、常熟等地，在长江中下游地区分布的河蟹，通常称为长江蟹，它是我国目前生长速度最快、个头最大、最受市场欢迎、养殖经济效益最好的河蟹种群，每年的4～6月份在上海崇明岛一带形成苗汛；第二个分布区在辽河水系通常称为辽蟹，包括盘山、大洼、营口、海城等地，由于辽蟹的适应能力比较强，生长速度仅亚于长江蟹，而且"北蟹南移"业已成功，因此在长江河蟹资源日益枯竭的今天，用辽蟹取代长江蟹进行人工增养殖是一个重要的研究课题；第三个分布区是在浙江省温州与瓯江一带，包括苍南、瑞安、平阳、乐清等地，通常称为瓯江蟹或温州蟹。这种蟹"南蟹北移"后的生长速度、规格、经济效益都不如在本地区养殖的效果好。

第二节　河蟹的形态特征

河蟹的体形，俯视近六边形，背面一般呈墨绿色，腹面灰白色。由于长期进化演变的缘故，河蟹的头部与胸部已愈合在一起，所以整个身体分为头胸部、腹部和附肢3部分。

一、头胸部

河蟹的头胸部是身体的主要部分，是由头部与胸部愈合在一起而形成的，被两块硬壳所包围着，上面为头胸甲，下面为腹甲。

河蟹背面覆盖着一层坚硬的背甲，俗称蟹斗或蟹兜，也称头胸甲。头胸甲是河蟹的外骨骼，具有支撑身体、保护内脏器官、防御敌害等作用。背甲一般呈墨绿色，但有时也呈赭黄色，这是河蟹对生活环境颜色的一种适应性调节，也是一种自我保护手段。背甲的表面起伏不平，形成许多区，并与内脏位置相一致，分为胃区、肝区、心区及鳃区等；背甲边缘可分为前缘、眼缘、前侧缘、后侧缘和后缘 5 个部分。前缘正中为额部，有 4 枚齿突，称为额齿。额齿间的凹陷以中央的一个最深，其底部与后缘中点间的连线最长，可以表示体长。头胸甲额部两侧有 1 对复眼。

头胸甲的腹面为腹甲所包围，腹甲通常呈灰白色，腹甲也称胸板，四周长出绒毛，中央有一凹陷的腹甲沟。雌雄河蟹的生殖孔就开口在腹甲上。

二、腹部

河蟹的腹部俗称蟹脐，共分 7 节，弯向前方，紧贴在头胸部腹面，看腹部的形状是鉴别雌雄成蟹最直观、最显著、最简便的方法。在仔蟹时期，不论雌雄，腹部都为狭长形，但随着个体的生长，雄蟹的腹部仍保持三角形，雌蟹的腹部逐渐变圆，因而人们习惯上把雄蟹称为尖脐或长脐，雌蟹称为圆脐或团脐。成熟的雌蟹腹部大而圆，周围长满较长的绒毛，覆盖头胸甲的整个腹面，而雄蟹腹部狭长呈三角形，贴附在头胸部腹面的中央。

三、附肢

河蟹属于高等甲壳动物，其身体原为21节，其中头部6节，胸部8节，腹部7节。除头部第一节原无附肢外，每节都有1对附肢。由于河蟹头胸部已愈合，节数难以分清，但附肢仍有13对。腹部附肢已大大退化，雌蟹腹部尚有附肢4对，而雄蟹只有2对附肢了。

头部5对附肢，前2对演变成触角，可感受化学刺激，后3对特化成1对大颚和2对小颚，可用于磨碎食物。

胸部有8对附肢，前3对称为颚足，为口器的组成部分，可抱持食物。其余5对为步足，俗称胸足，最前面1对步足强大有力，称为螯足，呈钳状，分为7节，依次为指节、掌节、腕节、长节、座节、基节和底节。螯足掌部密生绒毛，雄性的螯足比雌性的大，螯足具有捕食、防御、掘穴等功能。后4对步足形状相近，也分为7节，主要用于爬行、游泳、协助掘穴。

腹部附肢已退化，雄蟹仅有2对，特化成交接器，以利抱雌和交配；雌蟹4对，附着在腹部的第2～5节上，各节均生有刚毛，内肢可附着卵粒。

四、口器

河蟹的口器位于头胸甲腹面、腹甲的前端正中，它由 6 对附肢组成，由里向外依次是 1 对大颚、2 对小颚和 3 对颚足。它们依次重叠在一起，形成一道道关卡，食物必须通过这 6 对附肢才能进入食道，其目的是为了提高摄食效率。当河蟹找到食物时，先用螯足夹取食物并送到口器边，再用第二对步足的指尖协助捧住食物并递交给颚足，第三对颚足把食物传递给大颚，大颚再把食物切断或磨碎，同时运用第一、第二对小颚来防止细小食物的散失。附肢上的刚毛对防止食物的散失也有作用。磨碎后的食物经短的食道而被送入胃中。

五、复眼

河蟹对外部刺激很敏感，这是由于它具有高级的视觉器官——复眼。复眼位于额部两侧的一对眼柄的顶端，由数百个甚至上千个以上的单眼组成，故名复眼。复眼有 3 个特点：一是构成它的基本单位——单眼较多，可以互相补充视角所不能及的角度，因而它们的视力范围较开阔；二是它由眼柄举起，突出于头胸甲前端，因而转动自如，灵活方便，可视范围广；三是它是由节组成的，眼柄活动范围较大，既可直立，又可横卧，直立时将眼举起，翘视四方，横卧时可借眼眶外侧的绒毛除去眼表面的污物。复眼不仅能感受光线的强弱，还能感觉物体的形象，因此当人们走近河蟹还有一段距离时，河蟹会立即隐藏于水草中或潜入水底。另外，河蟹依靠一对复眼可以在夜晚借微弱的光线寻找食物和躲避敌害，与其昼伏夜出的生活习性相适应。

第三节　河蟹的生态习性

一、河蟹的横行特点

人们都说河蟹是横行霸道的，给它一个美名：横行将军。所以说，河蟹的横行与它的一个最显著特点，也是它所特有的运动方式。

河蟹的行动迅速，既能在地面快速爬行，又能攀向高处，也能在水中做短暂游泳，但它们的运动方向总是横行的，而且略向前斜，这种特有的运动现象是由于河蟹的身体结构本身所决定的。河蟹的头胸部宽度大于它的长度，步足伸展在身体的左右两边。每个步足的关节只能向下弯曲，爬行的时候，常用一侧步足的指尖抓住地面，再让另一侧步足在地面上直伸起来，推送身体向另一侧移动，所以它必须采取横行的方式；同时河蟹的几对步足长短不等，这决定了它在横向前进时，总是带有一定的倾斜角度，从而形成了这种独特的运动方式。

二、河蟹的栖息与穴居

1. 栖息习性

河蟹喜欢栖息在江河、湖泊等水草丰富、溶氧充足、水质清新的水域中，在泥岸或滩涂上挖洞藏身，避寒越冬。河蟹栖息的方式有隐居和穴居2种。在饵料丰富、水位稳定、水质良好、水面开阔的湖泊、草荡中，河蟹一般不挖穴，隐伏在水草和水底淤泥中过隐居生活。通常隐居的河蟹新陈代谢较强，生长较快，体色淡，腹部和步足水锈少，素有"青背、白脐、金爪、黄毛"清水蟹之称。另外在人工精养时，由于池内人工栽种的水草及铺设的瓦砾等隐蔽物较多，河蟹一般不会打洞，喜欢栖息于水花生等水草丛中，由此可见，水草及隐蔽物的设置对河蟹的养殖有重要作用。

2. 穴居习性

河蟹从幼蟹阶段起就有穴居的习性，洞穴一般呈管状，多数一端与外界相通，底端向下弯曲，洞口常在水面以下。由于穴居的河蟹新陈代谢较弱，生长较慢，体色较深，腹部和步足水锈多，素有"乌小蟹"之称。因此在人工养殖时，要尽可能多栽种水草，尽量减少其穴居的数量，因为有不少穴居的幼蟹性情懒惰，蜕壳和生长迟缓，严重影响育成效果及养殖效益，穴居的河蟹平常躲在洞里逃避其他敌害的捕食，冬天在洞中越冬，一个洞穴里，有时聚集着 10～20 只小蟹，穴居是河蟹长期进化过程中保护自己、适应自然的一种方式。

三、河蟹的鳃与泡沫

1. 河蟹的鳃

鳃，俗称鳃胰子，是河蟹的主要呼吸器官，蟹胰子共有 6 对，位于头胸部两侧的鳃腔内。如果把蟹放在水中，就可以看到有两道水流从口器附近喷流出来，这股水流是靠口器中第二对小颚的外肢在鳃腔中鼓动而造成的，大部分的水是从螯足的基部进入鳃腔的，还有一小部分水是从最后两对步足的基部进去的。

河蟹是用鳃呼吸的水生甲壳动物，依靠鳃的呼吸把氧气从外界运输到血色素中，并把二氧化碳由组织和血液中排出体外。除鳃之外，还有一些辅助结构也是完成呼吸系统的一部分。河蟹通常用内肢来关闭入水孔，使河蟹在离水时不易失水，起着防止干燥的作用，又因其上肢长，两侧及顶端均着生细毛，当它伸入鳃腔拨动水流时，有清洁鳃腔的作用。

2. 河蟹的泡沫

鳃腔里的鳃，藏在头胸甲下面的左右两侧，因着生部位不同，可分为侧鳃、关节鳃、足鳃和肢鳃 4 种。血液从入鳃孔和出鳃血管流过，把水中的氧气和血液中的二氧化碳通过气体交换，完成呼吸作用。呼吸作用不能停止，氧气的供给不能间断，这是河蟹赖以生存的基本要求。因此当河蟹离开水体后，它需要继续呼吸，这时进入鳃部的不是水而是空气。当空气进入鳃腔时，就与鳃腔贮存的少量水份混喷出来，所喷出来的水分和空气混和物就形成许多泡沫，河蟹就是利用这种方式来适应短期陆地生活的。由于不断呼吸，使泡沫愈来愈多，产生的泡沫不断破裂，同时不断增生新的泡沫，这就是我们常听到河蟹发出的淅淅沥沥的声音。

四、河蟹的食性

1. 杂食性

河蟹为杂食性动物，荤素均吃，但偏爱动物性饵料，如小鱼、小虾、螺蚬类、蚌肉、蚯蚓、蝇蛆、蚕蛹、蠕虫、水生昆虫及其幼虫和畜禽内脏等。植物性食物有浮萍、芜萍、丝状藻类、苦草、金鱼藻、菹草、马来眼子菜、轮叶黑藻、水浮莲、凤眼莲（水葫芦）、喜旱莲子草（水花生）、南瓜、水蕹菜等；精饲料有豆饼、菜饼、小麦、稻谷、玉米及人工配制的颗粒饲料等。在饵料不足或养殖密度较大的情况下，河蟹会发生自相残杀、弱肉强食的现象，体弱或刚蜕壳的软壳蟹往往成为同类攻击的对象，因此，在人工养殖时，除了投放适宜的养殖密度、投喂充足适口的饵料外，设置隐蔽场所和栽种水草往往成为养殖成败的关键。在天然水体中，特别是草型湖泊中，由于植物性饵料来源易得方便，因此河蟹胃中一般以植物性食物为主。

2. 贪食性

河蟹的食量很大且贪食。据观察，在夏季的夜晚，一只河蟹一夜可捕捉近 10 只螺蚌。

3. 抢食性

河蟹不仅贪食，而且还有抢食和格斗的天性。通常在以下 4 种情况时更易发生，一是在人工养殖条件下养殖密度大，河蟹为了争夺空间、饵料，而不断地发生争食和格斗，甚至自相残杀的现象；二是在投喂动物性饵料时，由于投喂量不足，导致河蟹为了争食美味可口的食物而互相格斗；三是在交配产卵季节，几只雄蟹为了争一只雌蟹的交配权而格斗，直至最强的雄蟹夺得雌蟹为止，这种行为是动物界为了种族繁衍而进行的优胜劣汰，是有积极意义的；四是在食物十分缺乏时，抱卵蟹常取其自身腹部的卵来充饥。

4. 耐饥饿性

河蟹虽然能吃，当然它也十分耐饥饿，如果食物缺乏时，一般 7～10 天或更久不摄食也不至于饿死，这就为商品河蟹的长途运输尤其是出口国外提供了便利条件。

5. 食性的转化

河蟹的食性是不断转化的，在蚤状幼体早期，河蟹是以浮游植物为主要饵料，而后转变为以浮游动物为主，到了大眼幼体（蟹苗）以后，才逐渐转为杂食性，进入幼蟹期后，河蟹则以杂食性偏动物性饵料为主。

6. 食物的喜好性

在人工养殖的条件下，河蟹对饲料有明显的选择性，主要表现为几点：一是河蟹对生饲料的喜爱程度超过熟饲料；二是对掺杂有鱼糜的面粉团要比单纯的面粉团更喜爱；三是对有微咸味的鱼糜团比纯淡味的鱼糜团更喜食；四是在同时投喂小鱼虾等动物性饲料、人工配制的颗粒饲料和植物性天然水草时，它们明显表现出对食物的喜好性，小鱼虾全部吃完时，颗粒饲料同时被吃掉65%，而水草则不到10%。它的这种食性就告诉我们，在人工养殖时，尤其是河蟹的大生长期时，一定要尽可能地多投喂鲜活的小鱼虾，注重配合饲料的动植物成分的合理配比，并添加一些食盐，而且饲料也不必要煮熟，可以直接生投。

7. 摄食强度

河蟹的摄食强度与水温有很大关系，当水温在10℃以上时，河蟹摄食旺盛；当水温低于10℃时，摄食能力明显下降；当水温进一步下降到3℃时，河蟹的新陈代谢水平较低，几乎不摄食，一般是潜入到洞穴中或水草丛中冬眠。

五、自切与再生

河蟹在整个生命过程中均有自切现象，但再生现象只有在幼蟹进行生长蜕壳阶段存在。成熟蜕壳后，河蟹的再生功能基本消失。

当河蟹受到强烈刺激或机械损伤，或者是蜕壳过程中胸足受阻蜕不出来时，常会发生丢弃胸足的自切现象。河蟹自切后，具有较强的再生能力，因此，我们所见的河蟹，除了肢体完整外，有的缺少附肢，有的左右螯足大小悬殊，有的步足特别细小，有的在缺足的地方长出疣状物，这些都是河蟹具有的自切和再生功能所造成的，是正常的生理特征。

河蟹的自卫和攻击能力较强，常常因争食、争栖息地而发生相互厮斗，当一只或数只附肢被对方咬住、被敌害侵害或者人们的捕捉方法不当时，它能自动切断受损伤的步足而迅速逃生，这种方式称为自切。河蟹的断肢有其固定部位，折断总是在附肢基节与座节之间的折断关节处。这里有特殊的结构，既可迅速修补断面，防止流血，又可利于再生新肢。

河蟹自切后再生的新肢，同样具有齿、突、刺等构造，长成的附肢同样具有取食、运动、步行和防御的功能，但整个形体要比原来的肢体小。由于河蟹发育到性成熟时，不再具备再生的功能，因此在起捕上市、出售成蟹时，动作要轻，确保大螯等附肢的完整，否则会影响商品蟹的经济效益。

六、河蟹的蜕壳

河蟹躯体的增大、形态的改变及断肢的再生都要在蜕皮或蜕壳之后完成，这是因为河蟹属节肢动物，具有外骨骼，外骨骼的容积是固定的。当河蟹在旧的骨骼内生长到一定阶段，其积贮的肌体到旧的外壳不能再容纳它时，河蟹必须蜕去这个旧外壳才能继续生长。河蟹一生要经过多次蜕壳，这是河蟹生长的一个生物学特征。

河蟹的幼体阶段可分为蚤状幼体、大眼幼体和仔幼蟹 3 个阶段。蚤状幼体经过 5 次蜕皮即可变成大眼幼体（蟹苗）；大眼幼体经过 5～10 天生长发育，再经 1 次蜕皮后即变成第Ⅰ期幼蟹；幼蟹每隔 5～7 天蜕壳 1 次，经 5～6 次蜕壳后则成长为扣蟹，此时它具有成蟹的一切行为特征和外部形态。在生产上将Ⅰ期幼蟹培育成Ⅴ～Ⅵ期幼蟹的过程称为仔幼蟹培育。扣蟹还需经数次蜕壳后才能达到性成熟，性成熟后的河蟹不再蜕壳直到产卵死亡。

七、河蟹的生长

河蟹的生长受环境条件的影响很大，特别是受饵料、水温和水质等生态因子的制约。水域水质、水温条件适宜，饵料丰富，蜕壳次数多，河蟹生长迅速个体也大。如环境条件不良，河蟹则停止蜕壳，个体也小。

河蟹的生长，从个体来说是表现为跳跃性和间断性的，但从其群体角度来说，则是连续性的，河蟹每蜕 1 次壳，其体重增加 30%～50%，体长与体宽也相应增加。河蟹的幼体刚蜕皮或幼蟹刚蜕壳后，活动能力很差，极易受到敌害生物甚至其他同类的攻击，而其自身的保护、防御能力极弱。因此在发展人工养殖河蟹的时候，一定要注意保护蜕壳蟹（又称软壳蟹）的安全。

八、河蟹的洄游

河蟹的一生有两次洄游，分别是幼体时的溯河洄游和成熟后的降河洄游，两次洄游是天然河蟹生长繁殖的必经过程。河蟹的溯河洄游又叫索饵洄游，是指在江海交汇处繁殖的蚤状幼体发育到蟹苗或 I 期幼蟹阶段，根据其对饵料等条件的需求，借助潮汐的作用，由河口顺着江河逆流而游，溯江而上，进入湖泊等淡水育肥的过程。河蟹的降河洄游也称生殖洄游，由于遗传特征的原因，河蟹在淡水中完成生长育肥后，每年秋冬之交，成熟蜕壳后的河蟹就要从淡水洄游到江海交汇处的半咸水中迁移，在迁移过程中，性腺逐步发育，在咸淡水中性腺发育成熟，并完成交配、产卵、孵化等过程，这种洄游叫做河蟹的生殖洄游。

九、河蟹的生殖

生殖洄游的时间在长江流域为每年的 9～11 月份，但高峰期是在寒露到霜降的半个月内。民间俗语说："西风响，蟹脚（爪）痒"、"西风响，回故乡"。到了秋季，河蟹要进行生殖洄游，它们纷纷从湖泊、河流汇集到江河主流中，成群结队，浩浩荡荡地顺水向河口爬去，形成一年一度的秋季成蟹蟹汛。在洄游中，蟹体内性腺迅速发育，到达河口产卵场时，雌雄蟹的性腺都先后发育成熟，一旦受到海水的刺激，便开始择偶交配。整个交配过程约数分钟到 1 小时即可完成。交配后约经 12 小时，即从雌蟹生殖孔产出已受精的卵，大部分黏附在雌蟹的腹肢上。抱卵的雌蟹经过 1 个冬季后，于第二年晚春、早夏开始孵化受精卵，孵化出蚤状幼体后，亲蟹死亡。幼体又进行索饵洄游，必须由淡水进入咸淡水中繁殖、育苗，幼体又重新进入淡水中生长、育肥，重复上述洄游与生殖的生命史。

十、河蟹的感觉和运动

河蟹具有特殊的复眼结构，它的感觉非常灵敏，对外界环境反应迅速。

河蟹的运动能力很强，既能在水中做短暂游泳，又能迅速爬行和攀登高处。突出表现就是它的逃逸能力很强，所以河蟹在小水体养殖时，不仅需要添置良好的防逃设备，而且更重要的是要保持优良的养殖环境和提供优质饵料。只要养殖环境的生态条件好，河蟹就不会逃逸。

十一、河蟹对温度的适应

河蟹对温度的适应能力是比较强的，通常在 1～35℃时都能生存。河蟹对高温和低温的适应能力是有一定差异的，它们对高温的适应能力相对较差，所以在人工养殖时，一定要做好夏季遮阴工作，而对低温的适应能力则很强，当水温下降至10℃以下，仍摄食；水温在5℃以下，才基本上不摄食。

十二、河蟹对光线的适应

河蟹是昼伏夜出的动物，喜欢弱光，畏强光。在夜间河蟹依靠嗅觉、靠一对复眼在微弱的光线下寻找食物。因此我们在进行人工养殖时，可将河蟹的投饵重点集中在傍晚，以满足它们在晚上摄食的要求。另外，渔民在捕捞河蟹时，也充分利用了河蟹喜欢趋弱光的原理，夜间采用灯光诱捕，捕获量大大提高。

第四节 河蟹各阶段的特点

河蟹的一生从胚胎开始要经过蚤状幼体、大眼幼体、幼蟹、成蟹等几个发育阶段。通常按河蟹的生长发育先后依次称为：蚤状幼体、大眼幼体（即蟹苗）、仔蟹（也称豆蟹）、蟹种（也称扣蟹）、黄蟹、绿蟹、抱卵蟹及软壳蟹。其中通常将仔蟹、蟹种合称为幼蟹或仔幼蟹；黄蟹、绿蟹合称为成蟹；抱卵蟹称为亲蟹。

一、蚤状幼体

蚤状幼体是胚胎发育后的第一个阶段，它因体形不像成蟹而形似水蚤而得名的，蚤状幼体很小，具有较强的趋光性和溯水性，全长仅有 1.5～4.1 毫米，不能在淡水中生活，必须生活在河口附近的半咸水中，它的活动方式尚未具备成蟹的"横行"式爬行，而是像水蚤那样依靠附肢的划动和腹部不断屈伸的游泳方式在水表层过着浮游生活。其食性为杂食性，以浮游植物和有机碎屑为主要食物，第Ⅰ期和第Ⅱ期蚤状幼体多在水表层活动，第Ⅲ期和第Ⅳ期蚤状幼体逐渐转向底层，第Ⅴ期的蚤状幼体开始溯水而上。

二、大眼幼体

第Ⅴ期蚤状幼体蜕皮即变态为大眼幼体。在进行仔幼蟹培育时，就是从淡化后的大眼幼体入手。为什么叫大眼幼体？这是因为其眼柄伸长且常露在眼窝外面，一对复眼相对整个身体来说比较大而明显，因而称为大眼幼体。大眼幼体形状扁平，额缘内凹，额刺、背刺和两侧刺均已消失；胸足 5 对，后面 4 对均为步足；腹部狭长，共 7 节，尾叉消失；腹肢 5 对，第 1～4 对为强大的浆状游泳肢，第 5 对较小，贴在尾节下面称为尾肢。

大眼幼体体长为 5 毫米左右，具有较强的趋光性和溯水性，生产单位常用灯光诱捕蟹苗而捕捉之，就是利用它的这种趋光性特点。大眼幼体对淡水生活很敏感，已适应在淡水中生活，本阶段除了善于游泳外还能进行爬行，且行动敏捷。在游动时，步足屈起，腹部伸直，4 对浆状游泳肢迅速划动，尾肢刚毛快速颤动，行动敏捷灵活。在爬行时，腹部蜷曲在头胸部下方，用胸甲攀爬前进。大眼幼体也是杂食性的，性情凶猛，能捕食比它自身大的浮游动物。在游泳的行动中或静止不动时，都能用大螯捕食。蟹苗在河口浅海往往借助于潮汐的作用，成群顶风溯流而上，形成一年一度的蟹苗汛期。大眼幼体的鳃部发育已经比较完善，可以离开水生活一段时间，最长可达 48～72 小时，在购买蟹苗时就是利用这种特点进行蟹苗长途方法运输的。

三、幼蟹

仔蟹、扣蟹是幼蟹发育中的两个阶段，通称为幼蟹。仔幼蟹培育就是将大眼幼体培育成幼蟹的过程。从大眼幼体经过一次蜕皮后变成了第Ⅰ期幼蟹，通常称为Ⅰ期仔蟹，依次类推，将前 4 次蜕壳而变成的 4 期幼蟹分别称为Ⅰ期、Ⅱ期、Ⅲ期、Ⅳ期仔蟹，其个体重量不足 100 毫克，背甲长为 2.9～6.0 毫米，背甲宽为 2.6～6.5 毫米，外形已接近成蟹成为椭圆形。

从第Ⅳ期变态至第Ⅶ期幼蟹时，幼蟹的重量为 5～8 克，背甲长 8.0～10.8 毫米，背甲宽 8.7～11.9 毫米，也因其个体与衣服扣子大小相似而称为"扣蟹"。

幼蟹的额缘呈两个半圆形突起，腹部折叠在头胸部下方，俗称蟹脐。腹肢在雄性个体已有分化，转化为 2 对交接器，雌性共有 4 对。幼蟹用步足爬行和游泳，开始掘洞穴居，因此在人工育成时，尽可能减少穴居蟹的数量，以防"乌小蟹"、"懒蟹"的形成。

第Ⅰ期幼蟹经过 5 天左右开始第一次蜕壳，以后，随着个体不断生长，幼蟹蜕壳间隔时间也逐渐拉长，体形逐渐近似方形，宽略大于长，额缘逐渐演变出 4 个额齿，具有了成蟹的外形。

河蟹自第 I 期幼蟹起，以后每蜕壳 1 次，虽然总的说来个体长大，体重增加，基本特征相似，但它们仍有一系列形态上的变化和差异，这在培育仔幼蟹中具有重要意义。可以利用这些差异及时判断蜕壳情况，预测蜕壳时间及蜕壳率，对准确及时投喂蜕壳素、增加动物性饵料具有重要作用。其形态特点变化如下：

（1）刚蜕壳的早期幼蟹，主要是第 I 期、第 II 期仔蟹，头胸甲长大于宽；而进入第 III～VI 期时，其头胸甲长略小于宽。

（2）头几期幼蟹头胸甲呈方形，周缘比较平坦，随着生长以后逐渐长成左右对称的不等边六角形，前缘出现 4 个额齿，头胸甲侧面生长 4 个锯齿状侧齿。

（3）早期幼蟹体色较淡，步足具有明暗相间的条纹，特别是第 I～II 期幼蟹最为明显，随着幼蟹生长进入第 III 期，其明暗条纹逐渐消失，继之幼蟹体色转为土黄色。

（4）早期的蟹雌雄外形相似，腹脐均为三角形。在生长过程中，雄蟹每蜕 1 次壳，腹脐逐渐伸长，成尖形或倒三角形，末端尖而两侧略内陷。雌蟹每蜕 1 次壳则腹脐逐渐变圆，进入第 VI 期的幼蟹就可以用腹脐来鉴别雌雄。

（5）河蟹的生长速度受环境条件，特别是饵料和水温的制约。条件适宜、饵料丰富、水温适合时，河蟹生长较快，蜕壳频率就高，每次蜕壳，体重和体长增加的幅度也较大。反之，蜕壳较慢，蜕壳后的生长、增长率都较小。通常早期幼蟹的蜕壳次数较频繁，在条件适宜下，大眼幼体一般 4～5 天即可蜕皮变态为第 I 期仔蟹，以后每隔 5～7 天、7～10 天相继蜕壳成第 II、第 III 期幼蟹。但随着幼蟹的生长，蜕壳的次数和每次蜕壳的时间间隔渐次延长，因而在培育仔幼蟹中，通常用 50～60 天的时间完成仔幼蟹的第 V 期至第 VII 期变态。

四、成蟹

通常人们所说的成蟹包括黄蟹和绿蟹，成蟹即性腺成熟的蟹。

在河蟹生殖洄游之前，尽管其性腺还没有完全成熟，但人们在品尝熟蟹时仍能感到味道鲜美，因而也把它列入成蟹之列。此时雄蟹的步足上刚毛比较稀疏，雌蟹的腹部尚未长满，即尚不能覆盖腹脐的腹面，蟹壳的颜色略带黄色，人们称之为"黄蟹"。

黄蟹在洄游过程中再进行其生命历程中的最后 1 次蜕壳，性腺迅速发育。雄蟹步足刚毛粗长而发达，螯足绒毛丛生，显得大而老健；雌蟹腹部的脐明显加宽增大，四周密生的酱油色或墨色绒毛盖住了整个腹部，成为典型的团脐，蟹壳转为墨绿色且较坚硬，人们称之为"绿蟹"。

五、抱卵蟹

抱卵蟹是指交配产卵后抱卵的雌性河蟹。雌蟹的腹脐（腹部）内侧有 4 对双肢型附肢叫腹肢，腹肢中的内肢是雌蟹用来产卵时附着卵粒的地方。即河蟹交配受精后产出的卵不象鱼卵散于水中，而是先堆集于雌蟹腹部，然后再黏附于内肢的刚毛上孵育，这种附肢附着受精卵的雌蟹，因形似抱着卵一样，而称之为抱卵蟹，抱卵蟹经春末夏初自然孵化后就死亡。

六、软壳蟹

河蟹的生长总是伴随着蜕皮、蜕壳而进行的，幼蟹或黄蟹不仅蜕去坚硬的外壳，它的胃、鳃、前肠、后肠等内脏也一同蜕去。刚蜕壳后的新蟹体色新鲜，螯足绒毛粉红色，活动能力较弱，全身柔软，无摄食和防御抵抗能力，称之为"软壳蟹"或"蜕壳蟹"。软壳蟹往往成为蟹类互相残食的主要牺牲者。新壳在一昼夜后即可钙化达到一定的硬度而恢复正常活动。黄蟹最后一次蜕壳变为绿蟹后，不再蜕壳。

第五节 河蟹种苗质量和种质资源

一、河蟹的种质资源概况

河蟹因其生活在不同水系而被人为地划分成几个地

理群系：生长在长江流域的河蟹称为江蟹，是目前最受养殖专业户欢迎和信赖的蟹种，尤其是上海崇明岛北航道沿岸一带，天然蟹苗数量多、汛期长、易捕捞，被誉称为蟹苗的"黄金海岸"。但因亲蟹和蟹苗的掠夺性滥捕以及生态环境的人为破坏，目前江蟹资源日益枯竭，前景令人担忧；生活在辽河水系的河蟹称为辽蟹，是"北蟹南移"最成功的群系，生长性状及速度仅次于长江蟹，目前已被许多地方当作长江蟹的替代蟹种；生长在瓯江水域的河蟹被称为瓯蟹；生长在珠江水域的河蟹被称为珠蟹；生长在闽江水域的则称为闽蟹或福蟹，这几种河蟹仅适于本地养殖，在其他水域养殖时，生长速度较慢、成活率及回捕率较低、成蟹规格明显偏小，经济效益较差。

二、河蟹种质资源退化及苗种质量下降的表现

1. 长江天然蟹苗日益枯竭

以上海崇明为中心的长江蟹苗捕捞产量在 20 世纪 80 年代苗汛旺发季节，每年可达上万千，但到了 90 年代中后期，蟹苗捕捞量急剧下降，1997 年约 400 千克，1998 年约 200 千克，天然蟹苗资源几乎枯竭。

2. 性早熟严重

自然界的河蟹寿命可达 2～3 年，而目前人工养成的河蟹寿命大大降低，蟹种早熟现象十分严重，高达

20％～30％，不少河蟹仅 15～25 克性腺已经发育完全。

3. 成活率偏低

20 世纪 90 年代初期，当年早繁苗Ⅴ期幼蟹的成活率可达 60％～70％，经越冬后的 1 龄扣蟹的成活率维持在 50％左右，而目前蟹种死亡率大大上升，当年早繁苗Ⅴ期幼蟹的成活率普遍在 50％左右，1 龄扣蟹成活率在 30％～40％，群体成活率维持在 40％。

4. 抗病抗逆性能下降

自然河蟹是一种抗病力强、抗逆性高的水生动物，但目前其抗病抗逆能力急剧下降，具体体现在病种多、范围广，尤其是前几年肆意横疟的"抖抖病"发病快、死亡率高。

5. 成蟹规格普遍偏小

20 世纪 70～80 年代河蟹多在 200 克左右上市，而目前多数规格为 100～125 克，甚至在 50～75 克即成熟上市，成蟹规格明显偏小。一方面小规格河蟹售价较低，疯狂冲击市场；另一方面，又由于规格小，被大规格河蟹挤压，反过来受市场冲击，因而效益较低。

三、造成种质资源退化及种苗质量下降的原因

第一种原因是各种水系间的地理种群无序交配，原有基因丧失，很难恢复其优良性状。

第二种原因是没有经过淘汰而导致河蟹的性能下降。在自然状态下，通过自然选择优胜劣汰，而在人工养殖过程中，为了追求经济效益，把能成活的个体不加选择地全部加以养成，对种质资源的保护非常有害。长期下去，造成目前的河蟹规格小型化，某些优良性状如色泽、口感也逐渐退化。

第三种原因是"南蟹北移"、"北蟹南移"在生产实践上有较大突破，但各地方群系毕竟有其自身的优势和适宜的环境，生活环境的较大变化，可能导致河蟹生理机制不完全适应，抗病抗逆能力急剧下降。

第四种原因是一些人工繁殖场为了竞争利润，长时间采用池塘养成的河蟹作为亲本，近亲交配繁殖，导致子代种质资源退化。

第五种原因就是受当年早繁苗的高额利润驱使，导致不少生产单位竞相采用温室进行亲本强化催情、交配及大眼幼体培育，这种长期高温强化培育的结果导致河蟹体系品质的下降，造成物种退化。

最后一个原因就是在人工繁殖、育苗及养殖过程中，长期使用多种抗生素药物，有些药物对河蟹器官损害性较大，有些药物对水和饵料有一定的毒害作用，而且易在河蟹体内富积，导致河蟹对抗生素药物的依赖性增大，甚至发生器官器质性病变，这是造成河蟹死亡率增加及抗逆能力下降的重要因素。

四、保护种质资源和提高苗种质量的举措

1. 积极有序地开发长江口河蟹资源

在每年的蟹苗汛期，由政府机关通过宏观调控有组织有计划地对蟹苗实行捕捞，应适当留有部分在长江自然水域生长发育的蟹苗，以确保来年的亲蟹及蟹苗供应；同时加强长江干流及长江口成熟亲蟹和抱卵蟹资源管理，必须通过法律和行政手段，做到依法兴渔、以法治渔，保护天然河蟹资源及其生存环境。

2. 建立成熟亲蟹培育及放流基地

根据河蟹在草型湖泊育肥后个体肥硕健壮的优点，选择一处或多处草型湖泊放流长江口蟹苗或品质优良的长江幼蟹，利用天然饵料资源让其生长发育至性腺成熟，然后人工放流到长江口参与生殖洄游，以起到补充长江口亲蟹产卵群体的目的，确保优良种质资源的可持续利用。

3. 确定种质标准，避免种质紊乱

长江蟹、瓯江蟹、辽河蟹、珠江蟹等各地方群系有其自身的特点，有关技术职能部门应统一种质标准，严格界定群系，尽可能减少群系间相互交配，从根本上提高或恢复原种质量。

4. 建立苗种准入机制

建立国家原种场、省级良种场，做到技术到位、科研保障，实行种质调控机制，由国家按水平、实力颁布苗种生产许可证、经营许可证，严格控制不健康河蟹苗种流入市场。

5. 保证亲本的相对纯洁

限制长江流域引进其他水系蟹种进行增养殖生产，一方面苗种生产场家不应购买其他水系的河蟹亲本与长江水系亲本杂交，以免造成子代性状的紊乱；另一方面，养殖单位要限制引进其他水系的蟹种进行养殖。

6. 合理用药

积极开展纯中草药制剂的开发研制工作，尽快形成抗菌防病系列和助蜕壳、促生长的复合型系列药品，减少乱用、滥用药物对河蟹机体造成的影响和危害。

7. 加强技术服务

地方主管技术部门一方面要大力推广幼蟹培育技术，鼓励养殖户购买优质蟹苗培育幼蟹、扣蟹，再养成成蟹，另一方面扩大本地苗种生产规模，采用正宗亲蟹育苗、尽量常温繁殖、少用抗生素、蟹苗充分淡化等技术措施，提高苗种质量。

第六节　提高河蟹养殖效益的措施

随着全国养殖河蟹面积的大幅度增加，产量急剧上升，市场竞争日趋激烈，成蟹价格一路下滑，河蟹已由买方市场进入卖方市场，效益也由暴利时代进入微利时代。如何继续激发河蟹养殖的热情、提高河蟹的市场份额、增强河蟹抵御市场的风险能力，目前全国各地纷纷举办研讨班、培训班，旨在进一步探讨河蟹的可持续发展之路。笔者经过多年的养殖经验与系统调查后认为：今后的河蟹养殖应以降本增效为目的，着重抓好以下几个调整，才能在市场上立于不败之地。

一、主动调整养殖技术

要在市场上占有一定的销售份额，必须以规格与品质取胜，优良的品质一直颇受青睐。要提高河蟹的品质，必须积极主动地调整、优化目前粗糙的养殖技术。一是改善投饵结构，河蟹配合饲料应保证动物性蛋白与植物性蛋白的合理搭配，同时要保证矿物质与维生素的供应，确保营养全面；水域丰富、资源茂盛的地方，要及时移植多层次、多品种的水生植物，如苦草、水花生、聚草、轮叶黑藻和黄丝草等，同时投入一定数量的鲜活的螺蚬、小鱼虾等，供河蟹自由摄食；二是营造天然环境，满足河蟹对生存环境的需求，促进它快速生长发育；三是改良水体条件，清除淤泥，浅池改深池，减少病菌孳生；

小塘合并，改小水体为大水面，增加活动范围；夯实渗漏池埂，保证保肥保水性能良好；四是改革施肥观念，传统的养殖观念认为，养殖河蟹的水质不需施肥，经过实践证明，在养殖过程中，除了定期施加钙肥外，还要及时施加磷肥，以补充水体中磷元素的消耗，通常施用钙磷复合肥如磷酸二氢钙、过磷酸钙等。

二、及时调整养殖模式

目前全国河蟹养殖的模式主要是单一精养型，一旦市场低迷，价格回落，风险较大。因此，要及时调整养殖模式，改单一精养为鱼、虾、蟹混养或虾蟹两茬轮养，这样，既可避免市场的冲击，缓冲市场的风险，又可充分利用水体，充分发挥立体养殖的生产潜能，同时通过生物间的相互作用来降低发病率、提高河蟹品质与成活率。

三、注意调整放养规格

由于短期行为的误导，目前河蟹养殖多为投放当年早繁苗培育的Ⅲ～Ⅵ期幼蟹（仔蟹），亩放苗 2000～3000 只，产量为每亩 60 千克，规格为 75 克/只左右。由于这种当年育苗、当年养成、当年上市的速成行为，导致成蟹规格小、竞争力差、价格低廉。在苏浙皖一带，这种规格的河蟹普遍售价（雌雄为 1∶1）为 20～24 元/千克，而大规格、高品质的河蟹价格则是小蟹价格的 5～8 倍，因此，要想在蟹市上立足求发展，必须改革放养规格，改小规格为大规格、改当年早繁苗为 1 龄扣蟹苗、改春未放养为冬春放养，这种放养规格的调整，经过两年的养成，可达 125～150 克/只。

四、科学调整投饲方式

调整平时粗放粗养的方式，同时要调整河蟹养殖中要多投动物性饵料的误区，采取"颗粒饲料与鲜活饵料相结合的方式"，在投饵时，要保证饵料新鲜适口，不投腐败变质的饵料，尤其以全价配合饵料为佳，要求营养均衡，配比合理，组方科学，防止饵料质量差品质次，切记投喂单一性饵料，同时定期补充一定的钙、镁、铁、磷等微量元素。投饵讲究"五定"和"四看"的原则，"五定"就是定时、定点、定质、定量、定人，"四看"就是投饵时要看天气、看水质变化、看河蟹摄食及活动情况、看生长态势，投饵量采取"试差法"来确定。

五、设法调整养殖成本

首先是尽量降低非生产成本；其次是购买优质苗，减少死亡率及发病率，降低人为成本；第三是坚持自育自养蟹种，减少对外来蟹种的依赖，降低苗种成本；第四是科学投饵，改水下投饵为水边投饵；全塘投饵为定点投饵并搭设饵料台，既可防止野杂鱼吃掉饵料，又可减少溶失性饵料对水体的污染，更有助于检查河蟹吃食情况及便于清除残饵，掌握合适投饵量，降低饵料成本。

六、适时调整养殖品种

"只有永久的市场，没有永久的名特优"，河蟹独领风骚十来年后，其生产技术日益成熟，生产潜能也充分发挥，经济效益逐年下降，为了确保水产业的可持续发展，适时转换养殖结构、调整养殖品种、提高养殖技术是必经之路，也是唯一可行之策。根据目前形势看，尚未形成象甲鱼、河蟹这样全国性的一枝独秀的名特优新品种，因此，除了注意引进、驯化外来品种（如鲟鱼、观赏鱼、龟类）外，更要开发土著鱼类的发展潜能，各地应着重因地制宜，筛选、提纯、复壮具有经济价值和推广意义的新品种，如黄鳝、鳜鱼、黄颡鱼、乌鳢、青虾等。

七、科学调整防病观念

目前广大蟹农对蟹病的预防观念淡漠，意识不强，当发病时，往往就病治病，不能综合预防，辨症施治，结果造成巨大的损失；同时有的病害一旦发作，无法治疗，只有预防才是最好的办法。因此，要调整蟹农的防病观念，提高他们生态防治的意识。首先是确保蟹种质量，尽可能检疫，确保投放优质苗种，从种质上控制病原菌的带入；其次是营养合理，科学配料，提高河蟹体质，从机能上提高其抗病能力；第三是水源清新无污染，进排水分开，定期消毒工具、饵料台等，从管理上切断传播途径；第四是适时清塘清毒，科学套养鱼类，模拟生态环境，从生存条件上抑制病原菌的产生与蔓延。

八、正确调整消毒方式

一是对水草进行消毒，从湖泊、河流中捞回来的水草可能带有外来病菌和敌害，如克氏原螯虾、黄鳝等，一旦带入蟹池中将给河蟹的生长发育带来严重后果，因此水草入池时需用 8～10 毫克/升的 $KMnO_4$ 消毒后方可入池。

二是定期对水体进行消毒。随着水温的不断升高，河蟹的摄食量大增，生长发育旺盛，而此时也正是病源体的生长繁殖旺盛季节，为了及时杀灭病菌，应定期对池塘水体进行消毒杀菌，每半月用 1 克/立方米的漂白粉或 15 千克/亩[①]的生石灰全池遍洒 1 次。

九、提前调整混养方式

随着河蟹养殖效益的下降，要未雨绸缪。提前做好养殖新方式的调整，根据市场的需要，许多地方都开展了各种不同的混养方式的试验，一是加强蟹、鳜的套养混养，二是加强了蟹、鲌的套养混养试验，三是试验了蟹、鳜、蚌的混养，都取得了较大的经济效益。

十、正确调整市场导向

面对河蟹的上市高峰期常常是中秋节和国庆节两大

---

① 1 亩≈667 平方米。

节日，但在这两个节日市场往往饱满，价格低迷，出现了"熊市"、"烂市"的局面。这就要求我们必需清醒地认识市场、了解市场，做到以市场为导向，尽可能让河蟹均衡上市，避开高峰互相压价的状况，从市场营销中获取最佳经济效益。

第二章 河蟹仔幼蟹的培育

第一节 仔蟹阶段的特点

一、仔蟹阶段的特点

河蟹蟹苗离开亲蟹母体后，不能立即投入养殖环节中，一是蟹苗个体弱小，逃避敌害的能力差；二是蟹苗的取食能力低，食谱范围狭窄；三是蟹苗对外界不良环境的适应能力低。因此必须要将蟹苗进行适当的中间培育后，才能进行成蟹的养殖，我们将这种在生产上进行蟹苗中间培育的过程称为仔幼蟹的培育。在生产上，将大眼幼体培养 15～20 天蜕壳 3 次后称为Ⅲ期仔蟹，这时规格达 16 000～20 000 只/千克，即可将它们投放至大水面或池塘中饲养。从大眼幼体到Ⅲ期仔蟹，称为仔蟹（俗称豆蟹）培育。

二、仔蟹的过渡性

为什么选择Ⅲ期仔蟹作为仔蟹培育阶段呢？这是因为在仔蟹阶段，开始由蟹苗的生活习性逐步过渡为幼蟹和成蟹的生活习性。因此仔蟹阶段是一个重要的过渡阶段。它们在形态和生态要求上发生了以下变化：

首先是体内盐度的过渡，在此阶段，河蟹由幼体的盐度逐步过渡为成体所需要的盐度，即由咸淡水逐步转化为淡水。

其次是栖息习性的过渡，通过仔蟹培育，蟹苗的生活生活习性由最初的浮游状态逐步过渡到与幼蟹、成蟹相似的爬行习性，同时它们的逃避敌害的能力大大加强。

再次就是它们在食性上的过渡，刚刚脱离母体的蚤状幼体蚤状幼体都是以浮游动物为食，经过蜕皮后的大眼幼体则以食浮游动物为主，兼食水生植物，而仔蟹阶段的食性则发生了明显的改变，由以食浮游动物为主过渡到以食植物性饵料为主的杂食性。

最后就是形态上的过渡，蚤状幼体呈水蚤形，大眼幼体呈龙虾形，而Ⅰ期、Ⅱ期仔蟹外形虽像蟹形，但其壳长仍大于壳宽，Ⅲ期仔蟹，其壳长才小于壳宽，形态真正与幼蟹、成蟹相像。

此外，一般从蟹苗培育到Ⅲ期仔蟹需 15～20 天。如再延长，蜕壳 4～5 次，培育时间延长至 30～40 天，此时正遇高温季节，在运输上困难更大，而且在养殖上其水质、饵料的矛盾更大。因此，无论从生态习性变化还是生产季节需要，蟹苗培育至Ⅲ期仔蟹即可出池分养，开始转入幼蟹培育阶段。

第二节　仔幼蟹培育的意义和方式

一、仔幼蟹培育的意义

河蟹的大眼幼体（即常说的蟹苗），体小纤弱，平均体重6～7毫克，营游泳生活，喜集群、顶风逆流，在岸边生活，食饵范围较狭窄，取食能力低，对环境改变的适应和抵御敌害的能力差。蟹苗经一次蜕壳后变为幼蟹，平均体重在10毫克以上，附肢已成雏形，掘土营底栖生活。第Ⅲ期仔蟹已开始在底泥打洞，穴居生活，对光线有回避性，喜在阴暗处生活。白天极少活动，傍晚开始觅食，能攀爬、游泳，以攀爬为主，其生活能力、活动能力及防御敌害的能力比蟹苗强得多。

在河蟹的整个发育史上，大眼幼体阶段是河蟹生活史上的薄弱环节，往往会在这一时期内大量死亡，在目前河蟹的自然资源日益枯竭的情况下，这无疑对生产非常不利。如果直接投放天然蟹苗或人工培育的蟹苗，无论是放流于天然湖泊还是用于小水体精养，都只能取得极低的成活率和回捕率。由于蟹苗个体小，寻找食物、逃避敌害及对环境的适应能力都比较低，往往会造成大批量的死亡，或被其他水生生物所吞食，造成蟹苗的极大浪费。

经过各地水产工作者和养殖生产者的多年研究、探索和实践，目前已经找到了解决这种问题的方法：即将

蟹苗放在小水体里精心培育 20 天左右，使蟹苗变态成
Ⅱ～Ⅲ期仔蟹，然后进行分塘，经过 1 个月左右培育成
Ⅴ～Ⅶ期的幼蟹后，再投入大水体中进行增养殖。由于
小水体具有水质容易控制、投饵、管理、捕捞方便且劳
动强度小的优点，因而仔幼蟹培育的工作已成为养蟹生
产的一个必要的中间阶段。特别是从 1990 年开始，在市
场经济的推动下，随着河蟹热的升温，市场价格的抬高，
当年生产、当年受益已成为养殖户追求的生产目标。为
了实现当年投苗、当年产蟹、当年受益的目标，在江、
浙、皖一带，率先攻克了当年早繁苗培育仔幼蟹后再生
产成蟹的技术，使得大棚增温育苗迅速推广。

通过塑料大棚的增温保温作用，强化培育当年早繁
蟹苗，仅用 1 个多月的时间，大眼幼体变态成Ⅴ～Ⅶ期
幼蟹，再投放在各种水体中进行人工养殖。当年农历九
十月间即可起捕上市，规格可达 50～100 克，平均可达
75 克，这样大大缩短了养殖周期，降低了养殖成本，提
高了经济效益。

随着人们对河蟹自然生长生活习性的重视，加上当
年小河蟹价格越来越低，受到市场的冲击越来越大，从
2002 年开始，全国各地逐渐重视露天土池培育幼蟹的工
作，渐渐取代了温棚培育仔幼蟹的做法，本书的土池培
育仔幼蟹重点就是介绍土池培育幼蟹技术。

二、培育的方式

经从事水产工作者多年的实践经验总结，形成了几

种颇具特色的仔幼蟹培育方式。

从培育场所来划分，可分为水泥池培育、网箱培育和土池培育3种；从培育所需的温度来考虑，可分为常温培育（又叫露天培育）和恒温培育（又叫温棚培育）。露天培育对温度的要求不高，受外界的气候如温度、风向、风力、天气等因素的影响较大，可控性较差，而且幼蟹出池规格大小悬殊，出现"懒蟹"的比率较高，成活率偏低，经济效益特别是当年效益不太理想。但露天培育对第二年的蟹种进行有目的的控制与培育有利，性成熟蟹种比例较小。温棚培育即通过人为控制，在相对封闭的温棚这个生态系统内进行人工调节水温，受外界环境的影响较小，可大大提高成活率，而且出池规格较整齐，"懒蟹"的比率降低，大大缩短了养殖周期。利用温棚培育当年早繁苗养殖成商品蟹是成功的，既减少了特种水产品在生产上的风险性，且经济效益显著，是致富的好途径。

水泥池培育、网箱培育及土池培育，是仔幼蟹培育的不同载体，它们既可以在露天下培育，又可以在温棚内培育。

三、网箱培育仔幼蟹的技术要点

培育仔幼蟹的网箱用尼龙筛绢或聚乙烯网布制成，网目为8～9目/厘米，以不使蟹苗逃逸为度。在适度范围内，网眼大，流水通畅，效果更佳。网箱大小无严格规定，一般规格采用2米×1米×1米或4米×3米×

1米，体积在4～10立方米为宜。网箱可分为固定网箱和活动网箱两种。固定网箱四角用竹竿扎紧上下两角，竹竿插在泥中，使网箱各边拉紧挺直，不要折弯形成死角，否则会导致蟹苗进入死角难以觅食与活动而死亡；活动网箱用木架或竹框支撑起，使之浮于水面。网衣下沉水中70～80厘米，网箱上部用同规格的网片加盖封顶，但需留一个可供开闭的出入口。在开口处缝拉链或用铁夹夹牢，便于放苗、投饵及管理检查等，也可以在网箱露出水面的部分缝接30厘米的尼龙薄膜，用线和支架垂直拉挺，以防幼蟹逃跑和青蛙等水生动物入箱。网箱可选择在具有一定水流的河流、湖泊、水库或大水面池塘中放置，要求水体的水质清新无污染，水深2米左右，避风向阳，溶氧充足。网箱培育仔幼蟹由于其自身的特点，常用来露天培育，在温棚中一般不用。在设置网箱时，不能直接将网箱贴在底泥上面，也不宜将整个网箱压在水草丛上，以免造成底层缺氧导致蟹苗死亡现象。若网箱有若干个时，箱距4～5米，行距5～6米，这样便于集中操作管理。投放蟹苗密度一般以2万～3万只/立方米为宜。据统计分析，投放密度较稀，成活率则较高，仔幼蟹个体就大，相反，投放的密度越高，其成活率就下降，出箱规格就小；另一方面，网箱中培育的时间越长，仔幼蟹的成活率越低，一般用15～20天培育成Ⅱ～Ⅲ仔蟹再适时分箱进行Ⅳ～Ⅵ期幼蟹培育。由于网箱培育仔幼蟹时，箱体中无穴居的可能，所以必须投放水草作为大眼幼体和仔幼蟹的附着物，增加它们栖息隐蔽的场所。适合于投放的水草种类主要有水花生、莛草、黄丝草、金鱼藻、轮叶黑藻等，投放采用捆扎成束并用沉子固定的方法，一般投放1～2千克/平方米。培育仔幼蟹的早期饵料，采用鲜鱼糜、黄豆浆、枝角类（如俗称红虫的美女溞）、水蚯蚓等，以后逐渐增加碾压过的螺蚌肉、菜饼、豆饼、米糠、豆渣、猪血等。投饵量要充足，否则会发生自相残杀、弱肉强食的现象。投饵方法宜少量多次，前期每天4～6次，后期逐渐降为每天2～3次。另外对网箱要定期检查，常洗涮，保证水流畅通及良好的水质；要勤检查网衣，看是否有破损，要防止老鼠咬破网衣，以免造成仔幼蟹从破损处逃逸。

四、水泥池培育仔幼蟹的技术要点

水泥池要求用砖砌而且池壁抹得光滑，池角圆钝无直角。水泥池培育时水位不宜太深，以免软壳蟹因受压力太大而沉底窒息死亡，一般水深控制在30～50厘米，在水位线以下的池壁抹粗糙些，以利于幼蟹攀爬，水位线以上的部分尽可能抹光滑些，以防幼蟹逃跑。为了防止幼蟹攀爬或叠罗汉逃逸，可在池壁顶部加半块砖头做成反檐。在蟹苗入池前，必须对水泥池进行洗涮和消毒，用板涮将池内上上下下涮洗2～3遍后，再用100毫克/升的漂白粉全池洗涮1遍，即达到消毒目的（新建水泥池还需用烧碱溶液浸泡，除去硅酸后方可使用）。进水时，用40目的筛绢过滤水流，以防止野杂鱼及水生敌害昆虫进入池内危害幼蟹。在培育池中，人工放置可供蟹苗栖息、隐蔽的附着物，各地可因地制宜地使用，例如芦苇叶及其茎束、经煮沸晒干的柳树根须、水花生等，把它们扎成小把，悬挂或沉入池底，还可放紫背浮萍、水葫芦、苦草等。水草面积占池子面积的1/4～1/3。蟹池中放置水草的作用，主要是调节水质和供蟹苗栖身以及摄食的场所。在培育技术高、条件好的地方，尤其是蟹苗放养密度超过5万只/立方米时，要采用机械增氧或气泡石增氧。机械增氧主要是用鼓风机通过通气管道将氧气送入水体中，慎用增气机直接搅水增氧。放置气石时，每平方米放一块气石并使之连续送气，这样不仅保证了水中较高的溶解氧，而且借助波浪的作用使大眼幼体或仔幼蟹比较均匀地分布于池水中。在培育期间，要经常换水，通常3天换水1次，换水量为1/3左右，保证水质清新。每天要求定时、定点、定质、定量投饵。饵料的种类以营养价值高、易消化的豆浆、豆粉、血粉、鱼粉、蛋黄比较适宜，尤其是枝角类和水蚯蚓等天然活饵料为最佳，因为这类活饵既可以节约饵料，又能满足仔幼蟹的蛋白质需要，更重要的是对水质影响较小。在初始阶段，蟹苗主要营浮游生活，饵料可搅拌成糜状或糊状均匀地撒在水中，待到Ⅱ期变态后，可将饵料投放在水草叶面上，让幼蟹爬上来摄食。经过15～20天的培育，可分池进行Ⅲ～Ⅵ期的幼蟹培育，管理方法及饵料投喂与仔蟹培育时相似。

五、土池露天培育仔幼蟹的技术要点

这种培育方式是目前最主要的培育方式，本书将在后面进行详细阐述。

第三节 仔幼蟹培育的准备工作

利用土池培育仔幼蟹，具有造价低、管理方便、水质较稳定、生产上易于推广等优点；缺点是在露天培育下水温不易控制，敌害较多。有人解剖过进入培育池中的青蛙，每只青蛙腹中有蟹苗 20 只左右，最多的高达 221 只。因此在培育前做好准备工作是提高河蟹苗种成活率的重中之重。

一、做好统筹安排工作

在培育仔幼蟹时，如何做到有的放矢，以最小的成本和精力获得最大的利润，这就涉及到统筹规划和整体设计问题。

1. 确定培育的目的

随着河蟹生产的发展，养殖户对仔幼蟹的需求量大增，出现供不应求的局面。仔幼蟹培育具有本小利大、培育周期短的优点，引发农村广大养殖户大规模发展仔幼蟹培育。一旦决定进行蟹种生产，就应该了解培育蟹种的目的。若属于自培自养的养殖户，则应根据池塘的面积、养殖水平，估算所需幼蟹的数量，从而确定培育池的大小；若是培育出来的幼蟹全部或部分出售，则应认真考察市场，联系好可靠的买主，再根据所需幼蟹数量来确定培育池的大小。

2. 确定育苗量和培育池面积

在确定培育幼蟹的目的后，综合自己的经济实力、技术水平，合理估算所需蟹苗量及所建培育池的面积，一般以每亩放养 800～1200 只 V～Ⅵ期幼蟹为宜。目前培育仔幼蟹的成活率一般为 25%～40%，蟹苗数量 12 万～15 万只/千克，以这几个参数为基准来确定所需要的育苗量，而大眼幼体入池的适宜密度为 1000～1500 只/平方米，据此，可以确定培育池的面积。

二、建设土池

土池多为东西走向，长方形，一般池宽有 5.5 米和 8.0 米两种。面积依培育数量而定，一般每池 80～120 平方米，水深 80～120 厘米。在池底铺 5～10 厘米厚的黄砂，对吸附杂质、稳定水质、提高育苗成活率起到重要作用。

建池时应考虑水源与水质。水源充足、水质良好、清新无污染且有一定流水的条件为佳。水体 pH 值介于 6.5～8.0 之间，以 pH 值 7.0～7.4 为最好。土池应建在安静无吵杂声音的地方，选择避风向阳的场所，保证仔幼蟹蜕壳时免受干扰。对底质要求以壤黏土为佳，不宜使用保水性差的砂质土。

三、增氧设备

增氧机的使用功率可依需要而决定，一般在生产上按 25W/平方米的功率配备，每个培育池（面积 150 平方米左右）可配备功率为 250W 的小型增氧机 2 台，或用 375W 的中型增氧机 1 台，多个培育池在一起时，可采用大功率空气压缩机。

输送管又叫通气管或增氧管，采用直径为 3 厘米的白色硬塑料管（食用塑料管为佳）制成，在塑料管上每间隔 30 厘米打两个成 60°角的小孔，大小可用大号缝被针，经火烫后刺穿管子即可。将整条通气管设置于离池底 5 厘米处，一般与导热管道捆扎在一起放置，在池中呈"U"字形设置或盘旋成 3～4 圈均匀设置，在管子的另一端应用木塞或其他东西塞紧不能出现漏气现象。也可将输送管置于水面 20 厘米处，通过气砂石将氧气输送到水体的各个角落，效果也不错。蟹苗入池后，立即开动增氧机，在大眼幼体蜕皮成 I 期幼蟹（3～5 天），要保持不间断地向池中充气增氧（若增氧机使用时间过长，机体发热时，可于中午停机 1～2 小时），确保水中含有丰富的溶氧，有利于大眼幼体的变态。在顺利进入 I 期幼蟹后，增氧机的开机时间可有所调整，在正常天气、水温条件下，每天可开机 6～8 次，每次 1～2 小时。开机的原则是：阴雨天多开机，晴天少开机；白天天气晴朗时，可数小时不用开机；夜间多开机，白天少开机；

光照强、光合作用旺盛时少开机；育苗前期多开机；蜕壳高峰期时多开机。

四、栽种水草

培育池中的水草通常有聚草、菹草、水花生等。栽种水草的方法是，将水草根部集中在一头，一手拿一小撮水草，另一手拿铁锹挖一小坑，将水草植入，每株间的行距为 20 厘米，株距为 15～20 厘米。

水草在仔幼蟹培育中起着十分重要的作用，具体表现在模拟生态环境、提供丰富幼蟹的食物、净化水质、提供氧气、为幼蟹提供隐蔽栖息场所、可供幼蟹攀附、可以为幼蟹遮阴、提供摄食场所和防病作用。

五、微喷技术的应用

微喷滴灌技术在蔬菜育苗中应用较广，但用于水产养殖方面却鲜见报道，特别是在培育仔幼蟹利用微喷技术尚未有人报道。我们在培育仔幼蟹时引进该项技术，并依据仔幼蟹培育的特点加以技术改造，取得了显著效果。

1. 微喷系统的设计

微喷系统包括梅花喷嘴、喷头、主水管、支流水管、潜水泵及电力系统。

梅花喷嘴通常采用塑料喷嘴，也可用铁喷嘴、鸭形喷嘴或用农用喷雾器上的喷嘴代替。喷嘴多少及喷孔大小、喷嘴设置的角度及方向可依据水流的压力及雾化程度自行调节，笔者进行试验采用农用喷雾器上的喷嘴。主水管管径6厘米。可采用不锈钢管或硬质塑料管，具有坚固性能好和支撑水管的作用。在不锈钢管上分布有若干个支流水管，支流水管终端连接梅花喷嘴，管径较细，一般为0.5～1厘米。潜水泵功率为750W的轴流泵。

工作原理是先由潜水泵吸水进入进水管，在压力的作用下，水流向各个出水管分流，经梅花喷嘴喷出雾状水流即可。

2. 微喷作用

在培育池中引进微喷技术并略加改造，以适应仔幼蟹培育的特殊需要。实验证明，微喷技术具有以下几点明显作用：

（1）增加水体溶氧 在培育仔幼蟹时，通常采用单一的鼓风式增氧机进行机械增氧，但这种增氧方式有其局限性：氧气的放出与增气管的设置有很大关系，受氧面积较小且往往呈线条状。而采用微喷技术进行增氧，水流呈雾状排列，大大增加了受氧面积，而且喷射角度可以任意调节。

（2）受水均匀 在换冲水时，通常采用潜水泵直接换水，水流呈管状进入，受水部位少，因此各处水温不太一致。而仔幼蟹对水温变化的敏感性较强，骤冷骤热的水温变化易导致仔幼蟹"感冒"，因此影响了其正常的生长发育，特别是在蜕壳时，管柱状水流的突然注入，易使蜕壳蟹受惊吓而造成蜕壳不遂死亡。采用微喷技术后，水体呈雾化喷射，受水面积大大增强，而且雾化后的水流均匀地注入池中，入池温差小，溶氧充足，非常适合于幼蟹的生长发育。

（3）仔幼蟹分布均匀　溶氧对于仔幼蟹的生长发育起到了关键性的作用。通常的增氧方式导致氧气入池时呈线条状分布，因而幼蟹的分布也大致呈线条状，主要集中在增氧管两侧的水体里。在抽样检测时可以证实这一点。采用微喷后，由于增加水中溶氧方式改变，水体溶氧的增加比较均匀，因而幼蟹的分布也比较均匀，池水中各处密度也比较一致，因此最大限度地利用了水体空间及水草，也减少了仔幼蟹自相残食的几率，提高了培育仔幼蟹的成活率。

六、其他设施

1. 投饵工具

磨碎小鱼、肉糜、豆浆用的磨浆机 1 台，功率为750W。投饵用的塑料盒、塑料桶、水勺各 1 个，过滤饵料的滤布 1 块。

2. 检苗工具

检苗工具有两种，一种市面上有售，规格为 10 厘米×15 厘米，形似苍蝇拍，用 60 目筛绢缝制；另一种为自制，形似簸箕，底部规格为 50 厘米×50 厘米，也用

60目筛绢缝制。平时为了检查仔幼蟹分布情况、摄食情况、底泥淤积程度，可分点打苗抽样，检苗工具也可用于随机抽样估测蟹苗数量。

3. 取苗工具

主要是三角抄网、手推网和蟹笼。

4. 防逃设施

蟹苗和仔幼蟹的身体轻便，具有较强的攀爬逃逸能力，特别是水体中水质恶化时，其逃逸趋势加剧，因而在育苗前就要注意防逃设施的安装。

第四节　仔幼蟹的饵料来源及投饲技术

一、饲料来源

仔幼蟹的饵料包括动物性饵料和植物性饵料，最好的是浮游生物如枝角类等天然饵料。由于天然饵料产生的高峰期有时间限制，加上数量有限，因此主要还是依靠人工投喂。动物性饵料有鲜鱼、螺蚌、鸡蛋、蚕蛹等；植物性饵料除栽种水草外，主要投喂黄豆、豆饼。

二、科学投饲

仔幼蟹的摄食方式和成蟹相似，用螯足捕食和夹取食物，然后把食物送到口边用大颚将食物咬碎。食性为杂食性，对新鲜鱼糜、螺蚌肉糜尤为喜爱，但不能充分利用鱼皮，因此在仔幼蟹培育期应注意动物性饵料的投入。

1. 投饲技术

由于幼蟹对鱼皮不能利用，故小鱼应煮熟后再磨碎；螺蚌去壳后再投喂；鸡蛋煮熟后取其蛋黄过滤后投喂；黄豆泡 12 小时后再磨成浆汁投喂。按照仔幼蟹各期对营养的不同需求，确定最佳配比方案，然后将鸡蛋黄、鱼肉、螺蚌肉、豆浆一起搅拌在磨浆机中磨碎，用 40 目的筛绢过滤去渣滓，再均匀泼洒投喂。

2. 投饲量

投饵次数原则上是在大眼幼体至Ⅰ、Ⅱ期变态后，每天 5～6 次，每日投饵量占蟹体重的 100%，进入Ⅲ、Ⅳ期变态后，每日 4～5 次，每日投饵量占蟹体重的 80%，进入Ⅴ、Ⅵ期变态后，每日投饵 2～4 次，日投饵量占幼蟹体重的 50%～60%，投饵时间及投饵量以晚上占 60% 为主，以适应仔幼蟹昼伏夜出的天然生活习性。

第五节　大眼幼体的鉴别和运输

一、大眼幼体质量的鉴别

大眼幼体（即蟹苗）因其一对较大的复眼着生于长

长的眼柄末端，显露于眼窝之外而得名，它不但具有发达的游泳肢，而且有较强的攀爬能力，经过一次变态就蜕皮成第Ⅰ期幼蟹。所谓培育仔幼蟹，就是把购进的大眼幼体在培育池中进行培育，经变态、蜕壳成Ⅴ～Ⅵ期幼蟹。

据调查分析，有不少育苗户由于购买蟹苗不当，造成严重的经济损失，因此正确鉴别蟹苗质量非常重要。若要购买到优质蟹苗，必须注意以下几点：

1. 查询法

购买人工繁殖的蟹苗时，若有可能，最好是查询雌蟹亲本的个体大小及发育程度，判断蟹苗的孵化率及个体发育状况。同时也要仔细询问蟹苗的日龄、饵料投喂情况、水温状况、淡化处理过程及池内蟹苗密度。若一般饲养管理较好，蟹苗日龄已达5～7天，且经过多次淡化处理，淡化浓度为2‰～4‰，说明该池蟹苗质量较好，反之，购买时应慎重考虑。

2. 观察判断法

在人工繁育的蟹苗池边，注意观察池内蟹苗的活动情况，包括游泳能力、攀爬能力及趋光性的敏锐度，同时观察池内蟹苗的密度。如果蟹苗游泳姿态正常、游动能力、攀爬能力及对光线的趋向性强、池内蟹苗密度过大，每立方米水体超过8万～10万只，说明该池蟹苗质量较好，反之，购买时应慎重考虑。

3. 称重计数法

将准备出池的蟹苗用长柄捞网或三角抄网任意捞取一部分，沥干水分用天平称取 1～2 克，逐只过数。折算后规格达到 12 万～16 万只/千克，说明蟹苗质量较好；如果苗龄过短，个体过小，超过 18 万只/千克，则说明蟹苗太嫩，不能出池。

4. 观察体表

体格健壮的蟹苗，一般规格比较整齐，体表呈黄褐色，游泳活跃，爬行敏捷。检查时，进行目测的标准是：用手抓一把已沥去水分的大眼幼体，轻轻一握，甩一下，然后松开手撒在苗箱，看蟹苗活动情况，如立即四处逃走，爬行十分敏捷，则说明蟹苗质量较好，放养成活率则较高。

5. 室内干法或湿法模拟实验

干法模拟实验是将池内的蟹苗称取 1～2 克，用湿沙布包起来或撒在盛有潮湿棕榈片的玻璃容器内，放在室内阴凉处，经 12～15 小时后检查，若 80％以上的蟹苗都很活跃，爬行迅速，说明蟹苗质量较好，可以运输；湿法模拟实验是将蟹苗称取 1～2 克放在小面盆或小桶内，加少量水，观察 10～15 小时，若成活率在 80％～85％以上，说明蟹苗质量较好。

二、大眼幼体的运输

大眼幼体阶段的鳃部发育已完善，具备离水后用鳃呼吸的能力。经测定，蟹苗离水 24 小时内成活率仍可达90%，离水 24～36 小时运输成活率达 60%～80%，48 小时后则成活率很低，大约在 30%～50%，因此，蟹苗运输最好在起捕后 36 小时内完成。

第六节　仔幼蟹的培育

一、水体培肥

在大眼幼体入池前半个月，将培育池进行清整，塑料薄膜压牢，四周堤埂夯实，最好用木棒上缠绕草绳索进行鞭打，以防留孔漏苗，清理池内过多的淤泥，并铺设一薄层细黄砂，适时栽植水草，行距、株距应适宜，水草面积占池内总面积的 30%～40%。注水时用 60 目筛绢过滤，注水 5～10 厘米，带水消毒。按放 0.15 千克/平方米的生石灰计算，将生石灰均匀泼洒在池内煮透，趁热将石灰浆水泼洒于池堤四周。1 天后，继续注水至 50 厘米，投放 0.2 千克/平方米的熟牛粪或 0.15 千克/平方米的发酵鸡粪，以培肥水质，为加强效果，可同时施无机肥尿素 0.15～0.20 千克/池，用来培肥水质，几天后，水体中的浮游生物即可达最高峰，此时下苗，可以提供部分大眼幼体喜食的活饵料，有利于大眼幼体的顺利变态。

二、水质的安全测试

在计划放苗的前一天，对水质进行余毒测试，以确定水中生石灰的毒性是否消失。原则上是用蟹苗试毒，实际生产上常用小野杂鱼如麦穗鱼、幼虾（青虾）等代替蟹苗，放于网袋里置于水中，12小时后取样检查，若发现野杂鱼未死亡且活动良好，说明水质较好，可以放苗。

三、大眼幼体入池

在运输大眼幼体时，应尽量考虑放在夜间运输，避免日光照射；同时2～3月份白天温度较高，温差较小；同时为了减少蟹苗从车上进入培育池内的温差，降低蟹苗的死亡率。综合这几点考虑，笔者认为首先应计算好运输的路线及运输时间，尽量保证蟹苗到达培育池是9：30～10：30，效果极好。在装运过程中，车箱内应始终保持恒温16～18℃。蟹苗进入培育池后，不要急于下水。先将蟹苗箱放在跳板上搁置5分钟左右，用池中的水将蟹苗全部淋一遍；10分钟后，用手泼水，再淋一遍；15分钟后，将整个蟹苗箱放入水中停2秒钟后迅速提起，抖去水分，重新搁至在跳板上；再过15分钟后，再将整个蟹苗箱全部浸入水中，并倾斜蟹苗箱，然后把水草和蟹苗一起倒入池中，这个过程称为"试水"。整个过程持续半小时，经过这种锻炼，蟹苗能适应培育池内的水温及水质。根据笔者试验认为，在 6 小时之内进入培育池的蟹苗成活率可达 95%～98%。

四、仔蟹培育

在生产上常将大眼幼体培育成Ⅲ期幼蟹称为仔蟹培育。在培育池中培育仔幼蟹的关键环节就是这三期的变态与蜕壳。

1. 大眼幼体变态成Ⅰ期仔蟹

大眼幼体入池时需保持水深 40 厘米左右，为了防止外界水温的变化、惊动及骚扰，蟹苗入池后 5 天内（即蟹苗变态成第Ⅰ期仔蟹）不能换冲水，水温保持 20℃以上，不能低于 17℃，否则极易造成蜕壳不遂，导致蟹苗死亡。

在这段时间内投饵应以先期培育的浮游生物为主，水色较淡，可投喂从场方购买的冰冻丰年虫。具体投喂方法为：刚入池后的 3 小时内，最好不要立即投喂，一般在 10 小时左右可以投喂第一次，以蟹苗总重量的 20% 投喂冰冻丰年虫；6 小时后，再投喂蟹苗总量的 15% 冰冻丰年虫，并增加投喂蟹苗总量的 5% 野杂鱼糜和豆浆、蛋黄混合饵料；再过 2 天后可将冰冻丰年虫投喂总量由 15% 降至 12%，同时增加野杂鱼糜及蛋黄豆浆混合饵料，以后逐渐增加鱼糜的数量，Ⅰ期后可完全投喂自配的野杂鱼糜及蛋黄、豆浆混合饵料。这 5 天时间内，每天投饵 4～6 次，每次投饵量占蟹苗总量的 18%～20%，野杂鱼以麦穗鱼、野生小鲫鱼等最佳，与泡熟后的黄豆一起磨碎后用 60 目筛绢过滤，加水稀释成匀浆全池泼洒。鲜鱼、蛋黄与黄豆的比例为 2：1：1。大眼幼体入池后 1 小时左右，大多数沿着池壁呈顺时针或反时针游动，少数栖息于水草上，此时投饵时应重点将饵料兑水均匀泼洒于蟹苗游动路线上，将少数饵料洒于水草上，一般 1～2 天后，这种游圈现象会自动停止，陆续爬到水草上或水草底部蜕皮变态成 I 期幼蟹。

在蟹苗蜕皮变态进入高峰期时，不能随意惊动，也不要随意捞苗检测，确保水温的恒定。

变态后体形由大眼幼体的龙虾形变为蟹形，游泳能力下降，攀爬能力显著上升，在水草上明显可见，体重也增加 1 倍；具有明显的趋光性，因此在夜间除了检查、投饵外，尽量不要开灯，否则幼蟹会群聚灯光处；无特殊情况，增氧机不能停机。

2. 从 I 期幼蟹蜕壳成 II 期幼蟹

体形更像成蟹，体色由淡黄色转变为棕黄色，爬行能力增强，具有较强的逃逸能力，整个养殖期为 5～7 天。

投喂主要以鲜鱼为主，鱼糜：蛋黄：黄豆＝3：1：1，投饵量每次占蟹总量的 15％为宜。日投饵 3～5 次，由于幼蟹具有夜间摄食习性，因此投喂时间、投饵量重点在 17：00～21：00，占整个投饵总量的 60％，在蜕壳前 3 天，每日饵料里添加微量虾蟹蜕壳素，并用 0.03 千克/

平方米的生石灰化水全池均匀泼洒。尽量开动增氧设备，两天换水 1 次，均在中午进行，每次加水 3～5 厘米，换水时间不宜超过 1 小时，换水后池内温差应控制在 3℃以下。

3. 从 Ⅱ 期仔蟹蜕壳成 Ⅲ 期仔蟹

体形进一步增大，体重相应增加，在 Ⅲ 期中后期可以出售，此时规格在 8000～10000 只/千克，也可以进一步培育成 Ⅳ～Ⅵ 期幼蟹。

日常管理重点是水质和投饵。投饵仍然以动物性饵料为主，适当增加豆浆投入量，减少蛋黄量，鲜鱼∶蛋黄∶豆浆＝4∶1∶1.5，投饵时间及投饵重点同 Ⅱ 期仔蟹一样，投饵量减少 15%，在蜕壳前 3 天，仍用 0.03 千克/平方米的生石灰水泼洒，添加部分钙片和虾蟹蜕壳素。增氧设施在中午可以停机数小时，结合换水，充分发挥微喷设施的增氧、调温等作用。每次换水时，先抽出 5～10 厘米的水，再加入 5～10 厘米的水，保持水位 80 厘米左右不变。此时由于幼蟹生长较快，蜕壳频繁，摄食旺盛，因此对水质要求较严，透明度保持在 35 厘米左右，pH＝7.2～7.8，溶氧在 5.0 毫克/升以上。

五、幼蟹培育

从大眼幼体培育成 Ⅲ 期仔蟹后，即进入幼蟹培育。从生产上来说，将 Ⅲ 期仔蟹培育成 Ⅴ～Ⅵ 期幼蟹，称为幼蟹培育。

1. 从Ⅲ期仔蟹培育成Ⅳ期幼蟹

进入Ⅲ期的幼蟹，由于气温迅速回升，水体增温保温性能大大加强，前期投入的饵料部分未吃完，下沉池底后积累和分解。若此时管理不善，极易造成水质恶化，致使幼蟹缺氧死亡。另一方面，经过几次蜕壳后的幼蟹，体型变大，体重增加了几倍，摄食量大增，此时应严格控制摄食次数，保证量足次少的投饵习惯，密切观察幼蟹吃食情况决定饵料的投喂量的增减，降低残饵对水质的影响。

进入Ⅲ期和Ⅳ期的幼蟹，每日投饵3～4次。饵料主要为野杂鱼和豆浆，野杂鱼的量约为豆浆的2倍。由于此时幼蟹喜在水草上和浅水区活动，所以投饵时在浅水区处均匀泼洒效果较好。幼蟹夜里摄食强度大，因而夜间投喂投饵量占日投饵量的60%～70%。幼蟹具有较强的攀爬逃逸能力，特别是阴雨天、天气异常闷热、水质恶化、水中溶氧较低的时候，幼蟹最易逃逸。因而进入Ⅲ期后，需加倍注意并每日检查防逃措施的可靠性，加强值班管理。

除了投饵与防逃外，水体的交换要及时进行，每天换水量加大，先抽出1/4左右的水，再加入1/4左右的水，最好通过微喷设备进水且用80目筛绢过滤。在估计蜕壳高峰期的前3天，仍用生石灰化水均匀泼洒，并在饵料中投喂适量的蜕壳素，以促进幼蟹蜕壳。

2. 从Ⅳ期幼蟹培育成Ⅴ～Ⅵ幼蟹

在进入Ⅴ期时，培育池内也有少部分进入Ⅵ、Ⅶ期，当然也存在一部分Ⅳ期甚至Ⅲ期幼蟹。在这一过程中，仔幼蟹的体长、体重都有显著增长，水体的负载进一步加大，投饵量进一步增加，水质恶化的可能性也加大。可选择晴好天气 11：00～13：00 时适当分苗或直接起捕下塘或出售，减轻培育池内的负载量。

本期的日常管理重点是水质的控制和投饵，换水应坚持每日进行，每日换水量为 1/3，加大豆浆的比例，因为豆浆具有澄清水体的作用，可以缓冲水体水质恶化的压力。野杂鱼与豆浆比例为 1：1，日投饵 2～3 次。除蜕壳前 3 天泼洒 1 次生石灰浆水外，中途也可全池泼洒生石灰乳浆，以杀灭水中部分病菌并改善水质，同时增加水中钙离子含量，促进蜕壳。由于水的温度高而且持续时间长，部分育苗户的池内有大量青苔，青苔不仅吸收水体中的营养，更重要的是它会缠绕幼蟹，使幼蟹无法活动而造成死亡，因此除去青苔是很必要的。千万不能在池内用高浓度 $CuSO_4$ 杀灭青苔，因为幼蟹对铜离子的安全浓度较小，不少育苗户用 0.7～1 毫克/升的 $CuSO_4$ 杀灭青苔，结果幼蟹全池死光。此时主要靠人工捞取法除去青苔，并结合换水草彻底除去。由于育苗后期聚草、芜萍等水草在高温作用下，枝叶易腐烂，影响水质，需及时捞出，重新放置新鲜水草。在换入新鲜水草时，应将水草用 $CuSO_4$ 溶液彻底消毒，以杀灭青苔。用 $CuSO_4$

溶液浸泡过的水草需用清水漂洗后方可入池，因为 Cu^{2+} 对幼蟹毒性较大，若处理不当，易造成蟹苗死亡；也可以用草木灰焙水草以杀死青苔。

现在市场上已经有仔幼蟹培育专用饵料，这种饵料具有用量少，蛋白质含量高，对水质净化作用好且不易生病的优点，因此刚一问世便广受欢迎。

六、幼蟹的出池

在Ⅲ～Ⅳ期幼蟹蜕壳高峰期后 3 天，可以起捕幼蟹出池，随时供应给客户。捕捉前先将池水抽去一半，拔走池内水草，另外放入水花生，将水花生捆扎成直径约 30 厘米，长约 50 厘米的草把，每池投入 20～40 个。捕捞时宜选择晴好天气的上午或傍晚进行，捕捞前 2 小时，不用投饲饵料。在捕捞时，用长柄捞海贴进水花生底部，用手将水花生抖一下即可，幼蟹就可全部进入捞海内，再将水花生放入蟹池中进行诱捕。如此反复 3～4 次，即可将培育池内幼蟹捕捞出 90%～95%，剩下的幼蟹需干池捕捉，放干或抽干池水，幼蟹会顺着水流方向汇集在一端，可徒手捕捉，如此反复 3 次，即可捕捞干尽。

也有的养殖户，在幼蟹进入Ⅴ～Ⅵ期时蜕壳后 3～4 天，用地笼捕捉，因为此时幼蟹个体较大，水温渐渐升高，幼蟹的活动能力和主动摄食能力大大增强，改用地笼捕捉也可以收到较好的效果；也有的养殖户用集蟹箱收集。上述几种方法，无论采用哪种方式进行捕捉，都必须注意以下几点：一是须将池水抽去 1/2～2/3，使幼蟹尽可能集中；二是更换水草时，需去除水草根须部分，在生产实践中发现，不少幼蟹隐藏在水草丛中的须茎中难以捕捞；三是在捕捞过程中，最好造成微流水状态；四是无一例外最后要干池捕捉，但尽可能减少干池捕捉的幼蟹比例，减少人为损伤和机械损伤。

七、幼蟹的暂养

捕捞的幼蟹放入网箱中暂养1～2小时。网箱大小视幼蟹数目而定，箱顶反向延伸50厘米的塑料薄膜以防幼蟹逃逸，箱内放入一些水花生以供幼蟹栖息。特别是干池捕捉时，速度要快，动作要轻，否则幼蟹会因鳃部呛入污水造成呼吸困难而死亡，捕捉的幼蟹立即放入清水中暂养在网箱内，若是微流水则更佳。

八、幼蟹的运输

幼蟹起捕出池，经暂养2小时后即可运输。运输时应注意以下几点：

（1）尽快运输，减少中途周转环节，一般用汽车运载为多。

（2）防止逃逸，不论采用何种容器贮存，均应用网罩或绳索扎好袋口，以不逃幼蟹为准。

（3）保持蟹体潮湿，这是延长幼蟹生命活动的关键。在存放幼蟹的工具下面，放一层1～2厘米厚的无毒塑料泡沫，吸上部分水，幼蟹放进后，每隔4小时喷洒1次水，防止干放时间过长，造成胃囊和鳃失水过多而死亡。

简便的方法是在装运幼蟹的工具里面铺设一层水花生，幼蟹放进后会迅速钻入水花生中，保持身体的湿润。

（4）尽量减少幼蟹的活动量，以降低其能量消耗，可在装蟹的工具上面盖上草包（潮湿的），保持黑暗的环境。

（5）幼蟹存放不能挤压。幼蟹多时，可分散装在预先准备好的运载工具内，不能堆积重压，防止幼蟹受伤或步足折断，从而影响成活率。

（6）进入Ⅴ～Ⅵ期的幼蟹起捕时，气温已经回升，幼蟹活动量大增，代谢能力增强，若起捕后不能立即运输的，应用双层40目的筛绢结成的网袋装好暂养，运输时再取出，这样可以保持幼蟹的新鲜活跃和水分充足。

（7）最好在17∶00～20∶00这段时间内运输，运输时最好有湿润的外部环境和微风增氧条件，这样可以避免白天日光直射导致幼蟹鳃部水分被蒸发而死亡。

第三章 河蟹成蟹的养殖

第一节 池塘养殖河蟹

河蟹的池塘养殖是目前比较成功且效益较稳定的一种养殖模式，在池塘中的养殖也可以分为专养、套养、混养、轮养等多种类型。不同的类型所要求的池塘条件略有不同，掌握技术难易程度也不一样，产生的经济效益差别很大。

一、蟹池条件

1. 蟹池选择

养蟹池应选择建在靠近水源、灌排水均十分方便的地方，要求水质良好，符合养殖用水标准，无污染，池底平坦，底质以壤土为好，池坡土质较硬，底部淤泥层不超过10厘米，池塘保水性好。池埂顶宽2.5米以上，池塘水面不宜过大，以5～50亩为宜，长方形，水深1～1.5米。面积太小，水温变化快，不利于河蟹在相对稳定的环境里生长。连片养殖区进、排水渠要分开，以免发病时交叉感染。环境安静，远离村庄和公路。

2. 进排水系统

对于大面积连片蟹池的进排水总渠应分开，按照高灌低排的格局，建好进排水渠，做到灌得进，排得出，定期对进、排水总渠进行整修消毒。池塘的进排水口应用双层密网防逃，同时也能有效地防止蛙卵、野杂鱼卵及幼体进入池塘危害蜕壳蟹；为了防止夏天雨季冲毁堤埂，可以开设一个溢水口，溢水口也用双层密网过滤，防止河蟹乘机顶水逃走。

3. 蟹池改造

对于面积 20 亩以下的河蟹池，应改平底型为环沟型或"井"字型。对于面积 20 亩以上的蟹池，应改平底型为交错沟型。沟的面积占蟹池总面积 30%～35%，沟处可保持水深 1.2～1.5 米，沟底向出水口倾斜，平滩处可保持水深 0.5～0.8 米。加大池埂坡比，池埂坡比 1：(2.5～3)为宜，缓坡河蟹不易打洞。这些池塘改造工作应结合年底清塘清淤时一起进行。

二、防逃设施

河蟹的逃逸能力比较强，一般来讲，河蟹逃跑有 4 个特点：一是生殖洄游时容易引起大量逃逸。在每年的"霜降"前后，生长在各种水域中的河蟹，都要千方百计逃逸。二是由于生活和生态环境改变而引起大量逃跑。

河蟹对新环境不适应，就会引起逃跑，通常持续时间1周的时间，以前3天最多。三是水质恶化迫使河蟹寻找适宜的水域环境而逃走。有时天气突然变化，特别是在风雨交加时，河蟹就想法逃逸。四是在饵料严重匮乏时，河蟹也会逃跑。因此我们建议在河蟹放养前一定要做好防逃设施。

防逃设施有多种，常用的有两种，一是安插高45厘米的硬质钙塑板作为防逃板，埋入田埂泥土中约15厘米，每隔100厘米处用一木桩固定。注意四角应做成弧形，防止河蟹沿夹角攀爬外逃；第二种防逃设施是采用麻布网片或尼龙网片或有机纱窗和硬质塑料薄膜共同防逃，用高50厘米的有机纱窗围在池埂四周，用质量好的直径为4～5毫米的聚乙烯绳作为上纲，缝在网布的上缘，缝制时纲绳必须拉紧，针线从纲绳中穿过。然后选取长度为1.5～1.8米的木桩或毛竹，削掉毛刺，打入泥土中的一端削成锥形，或锯成斜口，沿池埂将桩打入土中50～60厘米，桩间距3米左右，并使桩与桩之间呈直线排列，池塘拐角处呈圆弧形。将网的上纲固定在木桩上，使网高保持不低于40厘米，然后在网上部距顶端10厘米处再缝上一条宽25厘米的硬质塑料薄膜即可，针距以小蟹逃不出为准，针线拉紧。

三、池塘清整

池塘是河蟹生活的地方，池塘的环境条件直接影响到河蟹的生长、发育。新开挖的池塘要平整塘底，清整塘埂，使池底和池壁有良好的保水性能，尽可能减少池水的渗漏。旧塘要在河蟹起捕后及时清除淤泥、加固池埂和消毒，检查维修防逃设施，并对池底进行不少于15天的冻晒。可有效杀灭池中的敌害生物如鲶鱼、泥鳅、乌鳢、蛇、鼠等，争食的野杂鱼类及一些致病菌。

1. 池塘清整的好处

定期对池塘进行清整，从养殖的角度上来看，有3个好处：一是通过清整池塘能杀灭水中和底泥中的各种病原菌、细菌、寄生虫等，减少河蟹疾病的发生几率；二是可以杀灭对幼蟹有害的杂鱼和水生昆虫；三是通过清整后，可以将池塘的淤泥清理出来，一方面是加固池埂，还可以利用填在池埂上的淤泥来种植苏丹草、黑麦草等绿色青饲料，解决河蟹的饲料来源问题。

2. 池塘清整的时间

最好是在春节前的深冬进行，可以选择冬季的晴天来清整池塘，以便有足够的时间进行池底的暴晒。

3. 清整方法

先将池塘里的水排干净，注意保留塘边的杂草，然后将池底在阳光下暴晒1周左右，等池底出现龟裂时，可挖去过多的淤泥，把塘泥用来加固池埂，修补裂缝，并用铁锹或木槌打实，防止渗水、漏水，为下一年的池塘注水和放养前的清塘消毒做好准备。

四、池塘消毒

1. 生石灰清塘

（1）生石灰清塘的原理

生石灰的来源非常广泛，几乎所有的地方都有，而且价格低廉。用生石灰清塘是目前能用于消毒清塘最有效的方法，它的作用原理是：生石灰遇水后发生化学反应，放出大量热能，产生具有强碱性的氢氧化钙，同时能在短时间内使水的酸碱度迅速提高到 11 以上，因此，这种方法能迅速杀死水生昆虫及虫卵、野杂鱼、青苔、病原体等。更重要的是生石灰与底泥中有机酸产生中和作用，使池水呈碱性，既改良了水质和池底的土质，同时也能补充大量的钙质，有利于河蟹的生长发育。

（2）生石灰清塘的优点

生石灰是常用的清塘消毒剂，具有以下的优点：

一是能迅速杀死隐藏在底泥中的泥鳅、黄鳝、乌鳢等害鱼、水生昆虫、一些水生植物、鱼类寄生虫、病原菌和敌害如老鼠、水蛇、水生昆虫和虫卵、螺类、青苔、寄生虫和病原菌及其孢子等敌害生物，减少疾病的发生。

二是能改良池塘的水质，清塘后水的碱性增强，能使水中悬浮状的有机质沉淀，过于浑浊的池水得以适当澄清，可以使池水保持一定的新鲜度，这是非常有利于浮游生物的繁殖和河蟹的生长。

三是能改变池塘的土质，生石灰遇水后产生氢氧化钙，吸收二氧化碳生成碳酸钙沉入池底。碳酸钙能疏松淤泥，改善底泥的能气条件，加速细菌分解有机质的作用，并能释放出被淤泥吸附的氮、磷、钾等营养盐，增加水的肥度，促进河蟹天然饵料的繁育。

四是生石灰可以将池底中的氮、磷、钾等营养物质释放出来，增加水的肥度，可让池水变肥，间接起到了施肥的作用。

（3）干法清塘

生石灰清塘可分干法清塘和带水清塘 2 种方法。通常都是使用干法清塘，在水源不方便或无法排干水的池塘才用带水清塘法。

在河蟹放养前 20～30 天，先将池水基本排干，保留水深 5～10 厘米，在池底四周选几个点，挖个小坑，将生石灰倒入小坑内，用量为每平方米 100 克左右，注水溶化，待石灰化成石灰浆水后，不待冷却即用水瓢将石灰浆乘热向四周均匀泼洒，边缘和鱼池中心都要洒遍。为了提高效果，第二天可用铁耙将池底淤泥耙动一下，使石灰浆和淤泥充分混合。然后再经 5～7 天晒塘后，经试水确认无毒，灌入新水，即可投放种苗。试水的方法是在消毒后的池子里放一只小网箱，放入 50 只蟹苗，如果在 24 小时内，网箱里的蟹苗没有死亡也没有任何其他的不适反应，说明消毒药剂的毒性已经全部消失，这时就可以大量放养相应的蟹苗。如果 24 小时内仍然有试水的蟹苗死亡，则说明毒性还没有完全消失，这时可以再次换水后 1～2 天再试水，直到完全安全后才能放养蟹苗。后面对土池和水泥池的消毒性能的试水方法是一样的。

要注意的是干法清塘并不是要把水完全排干，而且至少留 5 厘米以上的水，否则泥鳅、乌鳢和黄鳝钻入泥中不能杀死，如果石灰质量差或淤泥多时要适当增加石灰用量。

（4）带水清塘

排水不方便或时间来不及时可带水清塘。这种方法速度快，节省劳力，效果也好。缺点是石灰用量较多。

每亩水面水深 0.6 米时，用生石灰 80 千克溶于水中后，一般是将生石灰放入大木盆等容器中化开成石灰浆，操作人员穿防水裤下水，将石灰浆全池均匀泼洒，用带水法清塘虽然工作量大一点，但它的效果很好，可以把石灰水直接灌进池埂边的鼠洞、蛇洞、泥鳅和鳝洞里，能彻底地杀死病害。

有的地方采用半带水清塘法，即水深 0.3 米，每亩用生石灰 45 千克，石灰用量少，操作方便，效果也好。

蟹池使用生石灰应注意几个问题：①选择没有风化的新鲜石灰，已经潮解的石灰会减弱其功效。②要掌握生石灰的用量，其毒性消失期与用量有关。③生石灰和池塘施肥不能同时进行，因为肥料中所含的离子氨会因 pH 值升高转化为非离子氨，对河蟹产生毒害作用，此处肥料中的磷酸盐磷会和钙发生化学反应，变成难溶性的磷酸钙，从而降低肥效。④生石灰不可与含氯消毒剂和杀虫剂同时使用，以免产生拮抗作用，降低功效。⑤生石灰的使用要视蟹池 pH 值具体情况而定。

2. 漂白粉清塘

（1）漂白粉清塘的原理

漂白粉遇水后能产生化学反应，放出次氯酸钠和碱性氯化钙，次氯酸具有强烈的杀菌和杀死敌害生物的作用。它的消毒效果常受水中有机物影响，如鱼池水质肥、有机物质多，清塘效果就差一些。

（2）漂白粉清塘的优点

漂白粉清塘时的效果与生石灰基本相同，但是它的药性消失快，而且用量少，因此在生石灰缺乏或交通不便的地区采用这个方法，对急于使用的池塘更为适宜。

（3）带水消毒

在用漂白粉带水清塘时，要求水深 0.5～1 米，漂白粉的用量为每 667 平方米池面用 10～20 千克，先用木桶或瓷盆内加水将漂白粉完全溶化后，全池均匀泼洒，也可将漂白粉顺风撒入水中即可，然后划动池水，使药物分布均匀，一般用漂白粉清池消毒后 3～5 天即可注入新水和施肥，再过两三天后，就可投放河蟹进行饲养。

（4）干法消毒

在漂白粉干塘消毒时，用量为每 667 平方米池面用 5～10 千克，使用时先用木桶加水将漂白粉完全溶化后，全池均匀泼洒即可。

（5）注意事项

首先是漂白粉一般含有效氯 30% 左右，而且它具有易挥发的特性，因此在使用前先对漂白粉的有效含量进行测定，在有效范围内（含有效氯 30%）方可使用，如果部分漂白粉失效了，这时可通过换算来计算出合适的用量。

其次是漂白粉极易挥发和分解，释放出的初生态氧容易与金属起作用。因此，漂白粉应密封在陶瓷容器或塑料袋内，存放在阴凉干燥地方，防止失效。加水溶解稀释时，不能用铝、铁等金属容器，以免被氧化。

再次是操作人员施药时应戴上口罩，并站在上风处泼洒，以防中毒。同时，要防止衣服被漂白粉沾染而受腐蚀。

3. 生石灰、漂白粉交替清塘

有时为了提高效果，降低成本，就采用生石灰、漂白粉交替清塘的方法，比单独使用漂白粉或生石灰清塘效果好。也分为带水消毒和干法消毒两种，带水清塘，水深 1 米时，每亩用生石灰 60～75 千克加漂粉 5～7 千克。干法清塘，水深在 10 厘米左右，每亩用生石灰 30～35 千克加漂白粉 2～3 千克，化水后趁热全池泼洒。使用方法与前面两种相同，7 天后即可放蟹，效果比单用一种药物更好。

4. 漂白精消毒

干法消毒时，可排干池水，每亩用有效氯占 60%～70% 的漂白精 2～2.5 千克。带水消毒时，每亩每米水深用有效氯占 60%～70% 的漂白精 6～7 千克，使用时，先将漂白精放入木盆或搪瓷盆内，加水稀释后进行全池均匀洒。

5. 茶粕清塘

茶粕是广东、广西常用的清塘药物。它是山茶科植物油茶、茶梅或广宁茶的果实榨油后所剩余的渣滓，形状与菜饼相似，双叫茶籽饼。茶粕含皂甙，是种溶血性毒素，能溶化动物的红血球而使其死亡。水深 1 米时，每亩用茶粕 25 千克。将茶粕捣碎成小块，放入容器中加热水浸泡一昼夜，然后加水稀释连渣带汁全池均匀泼洒。在消毒 10 天后，毒性基本上消失，可以投放幼蟹进行养殖。

注意的是，在选择茶粕时，尽可能地选择黑中带红、有刺激性、很脆的优质茶粕，这种茶粕的药性大，消毒效果好。

6. 生石灰和茶碱混合清塘

此法适合池塘进水后用，把生石灰和茶碱放进水中溶解后，全池泼洒，生石灰每亩用量 50 千克，茶碱 10～15 千克。

7. 鱼藤酮清塘

鱼藤酮又名鱼藤精，是从豆科植物鱼藤及毛鱼藤的根皮中提取的，能溶解于有机溶剂，对害虫有触杀和胃毒作用，对鱼类有剧毒。使用含量为 7.5% 的鱼藤酮的原液，水深 1 米时，每亩使用 700 毫升，加水稀释后装入喷雾器中遍池喷洒。能杀灭几乎所有的敌害鱼类和部分水生昆虫，对浮游生物、致病细菌和寄生虫没有什么作用。效果比前几种药物差一些，毒性 7 天左右消失，这时就可以投放幼蟹了。

8. 巴豆清塘

巴豆是江浙一带常用的清塘药物，近年来已很少使用，而被生石灰等取代。巴豆是大戟科植物的果实，所含的巴豆素是一种凝血性毒素，只能杀死大部分敌害杂鱼，能使鱼类的血液凝固而死亡。对致病菌、寄生虫、水生昆虫等没有杀灭作用，也没有改善土壤的作用。

在水深 10 厘米时，每亩用 5～7 千克。将巴豆捣碎磨细装入罐中，也可以浸水磨碎成糊状装进酒坛，加烧酒 100 克或用 3% 的食盐水密封浸泡 2～3 天，用池水将巴豆稀释后连渣带汁全池均匀泼洒。10～15 天后，再注水 1 米深，待药性彻底消失后放养幼蟹。

要注意的是，由于巴豆对人体的毒性很大，施巴豆的池塘附近的蔬菜等，需要过 5～6 天以后才能食用。

9. 氨水清塘

氨水是一种挥发性的液体，一般含氮为 12.5%～20%，是一种碱性物质，当它泼洒到池塘里，能迅速杀死水中的鱼类和大多数的水生昆虫。使用方法是在水深

10 厘米时，每亩用量 60 千克。在使用时要同时加 3 倍左右的塘泥，目的是减少氨水的挥发，防止药性消失过快。一般是在使用 1 周后药性基本消失，这时就可以放养幼蟹了。

上述的清塘药物各有其特点，可根据具体情况灵活掌握使用。使用上述药物后，池水中的药性一般需经 7～10 天才能消失，放养河蟹前最好"试水"，确认池水中的药物毒性完全消失后再行放种。

10. 药物清塘时的注意事项

在养殖河蟹时，经过清整的蟹池，能改善水体的生态环境，提高苗种的成活率，增加产量，提高经济效益。无论是采用哪种消毒剂和消毒方式，都要注意以下几点：

一是清塘消毒的时间要恰当，不要太早也不宜过迟，一般是掌握在河蟹下塘前 10～15 天进行比较合适。如果过早清塘后，待加水后河蟹却没有下塘，这时池塘里又会产生杂鱼、虫害等；而过迟消毒时，药物的毒性还没有完全消失，这时河蟹苗种已经到了池塘边，如果立即放苗，很有可能对河蟹苗种有毒害作用，从而影响它们的生产，如果不放，这么多的苗种放在何处？下次再捕捞又是个问题等。

二是在河蟹苗种下塘前必须进行试水，试水方法上文已经讲述，只有在确认水体无毒后才能投放河蟹苗种。

三是为了提高药物清塘的效果，建议选择在晴天的中午进行药物清塘，而在其他时间尽量不要清塘，尤其是阴雨天更不要清塘。

五、种植水草

蟹池移栽伊乐藻、水花生、苦草、轮叶黑藻等河蟹喜食的水草，覆盖率50%左右。

"蟹多少，看水草"。水草是河蟹隐蔽、栖息、蜕皮生长的理想场所，水草也能净化水质，减低水体的肥度，对提高水体透明度，促使水环境清新有重要作用。同时，在养殖过程中，有可能发生投喂饲料不足的情况，水草也可作为河蟹的部分饲料。在实际养殖中，我们发现种植水草能有效提高河蟹的成活率、养殖产量和产出优质商品河蟹。

河蟹喜欢的水草种类有苦草、眼子菜、轮叶黑藻、金鱼藻、凤眼莲、水浮莲和水花生等，以及陆生的草类，水草的种植可根据不同情况而有一定差异，一是沿池四周浅水处10%～20%面积种植水草，即可供河蟹摄食，同时为蟹提供了隐蔽、栖息的理想场所，也是河蟹蜕壳的良好地方；二是在池塘中央可提前栽培伊乐藻或菹草；三是移植水花生或凤眼莲到水中央；四是临时放草把，方法是把水草扎成团，大小为1平方米左右，用绳子和石块固定在水底或浮在水面，每亩可放25处左右，也可用草框把水花生、空心菜、水浮莲等固定在水中央。但所有的水草总面积要控制好，一般在池塘种植水草的面积以不超过池塘总面积的2/3为宜，否则会因水草过度茂盛，在夜间使池水缺氧而影响河蟹的正常生长。

六、移养螺蛳

螺蛳是河蟹很重要的动物性饵料，在放养前必须放好螺蛳，一般是在清明前每亩放养鲜活螺蛳 200～300 千克，以后根据需要逐步添加。投放螺蛳一方面可以改善池塘底质、净化底质，另一方面可以补充动物性饵料，所以这两点至关重要。

为了有利于水草的生长和保护螺蛳的的繁殖，在蟹种入池前最好用网片圈蟹池面积的 30%作暂养区，地点在深水区，待水草覆盖率达 40%～50%、螺蛳繁殖已达一定数量时撤除，一般暂养至 4 月份，最迟不超过 5 月底。

七、放养蟹种

蟹种放养时水位控制在 50～60 厘米。蟹种投放应坚持"三改"，改小规格为大规格放养、改高密度为低密度放养、改别处购蟹种为自育蟹种。尽量选择土是池培育的长江水系中华绒螯蟹蟹种，为保证蟹种质量可自选亲本到沿海繁苗场跟踪繁殖再回到内地自育自养。投放的蟹种要求甲壳完整、肢体齐全、无病无伤、活力强、规格整齐、同一来源，并剔除"小老蟹"。蟹种规格 60～100 只/千克，放养密度 400～600 只/亩。放养时间 3 月底以前放养结束为宜。放养时先用池水浸 2 分钟后提出片刻，再浸 2 分钟提出，重复 3 次，再用 3%～4%的食盐水溶液浸泡消毒 3～5 分钟。

八、饲料投喂

河蟹食性杂，且比较贪食。除"种草、投螺"外，还需要投喂饲料，饲料投喂应把握好以下几点。

1. 饵料种类

一是植物性饵料，有青糠、麦麸、黄豆、豆饼、小麦、玉米及嫩的青绿饲料，南瓜、山芋、瓜皮等，需煮熟后投喂；二是动物性饵料，有小杂鱼、轧碎螺蛳、河蚌肉等；三是配合饲料。在饲料中必须添加蜕壳素、多种维生素、免疫多糖等，来满足河蟹的蜕壳需要。

2. 投喂原则

河蟹是以动物性饲料为主的杂食性动物，在投喂上应进行动力植物饲料合理搭配，实行"两头精、中间青、荤素搭配、青精结合"的科学投饵原则进行投喂。

3. 投喂量

幼蟹刚下塘时，日投饵量每亩为 0.5 千克。随着生长，要不断增加投喂量，具体的投喂量除了与天气、水温、水质等有关外，还要自己在生产实践中把握，这里介绍一种叫试差法的投喂方法来掌握投喂量。在第二天喂食前先查一下前一天所喂的饵料情况，如果没有剩下，说明基本上够吃了，如果剩下不少，说明投喂得过多了，一定要将饵量减下来，如果看到饵料没有，且饵料投喂点旁边有河蟹爬动的痕迹，说明上次投饵少了一点，需要加一点，如此 3 天就可以确定投饵量了。在没捕捞的情况下，隔 3 天增加 10％的投饵量。

4. 投喂方法

一般每天 2 次，分上午、傍晚投放，投喂以傍晚为主，投喂量要占到全天投喂量的 60％～70％，饲料投喂要采取"四定"、"四看"的方法。

由于河蟹喜欢在浅水处觅食，因此在投喂时，应在岸边和浅水处多点均匀投喂，也可在池四周增设饵料台，以便观察河蟹吃食情况。

5. "四看"投饵

看季节：5 月中旬前动、植物性饵料比为 60：40；5～8 月中旬，为 45：55；8 月下旬至 10 月中旬为65：35。

看实际情况：连续阴雨天气或水质过浓，可以少投喂，天气晴好时适当多投喂；大批河蟹蜕壳时少投喂，蜕壳后多投喂；河蟹发病季节少投喂，生长正常时多投喂。既要让河蟹吃饱吃好，又要减少浪费，提高饲料利用率。

看水色：透明度大于 50 厘米时可多投，少于 20 厘米时应少投，并及时换水。

看摄食活动：发现过夜剩余饵料应减少投饵量。

6. "四定"投饵

定时：高温时节每天 2 次，最好定到准确时间，调整时间宜半月甚至更长时间才能进行。水温较低时，也可 1 天喂 1 次，安排在下午进行投饵。

定位：沿池边浅水区定点"一"字形摊放，每间隔 20 厘米设一投饵点。

定质：青、粗、精结合，确保新鲜适口、不腐烂变质，营养搭配合理，建议投配合饵料，全价颗粒饵料，严禁投腐败变质饵料，做成团或块，以提高饵料利用率，其中动物性饵料占 40%，粗料占 25%，青料占 35%。动物下脚料最好是煮熟后投喂，在池中水草不足的情况下，一定要添加陆生草类的投喂，夏季要捞掉吃不完的草，以免腐烂影响水质。

定量：自配的新鲜饲料日投饵量的确定按 3～4 月份为蟹体重的 1%左右，5～7 月份为 5%～8%；8～10 月份为 10%以上进行投喂。全价配合颗粒饲料日投饵量控制在 1%～5%。每日的投饵量早上占 30%，下午占 70%。河蟹最后一两次脱壳即将起捕时，则宜大量投喂动物饲料，以达到快速增肥，提高成蟹规格。

九、调节水质

水是河蟹赖以生存的环境，也是疾病发生和传播的重要途径，因此水质的好坏直接关系到河蟹的生长、疾病的发生和蔓延。在河蟹整个养殖过程中水质调节非常重要，除前面提到的种植水草、移植螺蛳外应做到以下几点。

1. 定期泼洒生石灰，调节水的酸碱度，增加水体钙离子浓度，供给河蟹吸收。河蟹喜栖居在微碱性水体中，pH 值为 7.5～8.5，自 4 月中旬至河蟹起捕前每 15～20 天每亩水深 1 米用 10～15 千克生石灰化水全池均匀泼洒，使池水始终呈微碱性。

2. 夏季水温高，水质极易败坏，应加强水质管理，可采取加深水位的，保持池塘正常水位在 1.5 米左右。

3. 适时加水、换水。从放种时 0.5～0.6 米始，随着水温升高，视水草长势，每 10～15 天加注新水 10～15 厘米，早期切忌一次加水过多。5 月上旬前保持水位 0.7 米，7 月上旬前保持水位 1.2 米，7 月上旬后保持水位 1.5 米。每 2～3 天加 1 次水，高温季节每天加水 1 次，形成微水流，促进河蟹蜕壳。另外，如果遇到恶劣天气，水质变化时，要加大换水量，尽量加满池水。如发现河蟹往岸上爬的次数和数量增多、口吐泡沫，应立即换水并加大换水量。但是要注意的是在蜕壳高峰期不加水，雨后不加水。每次换水至水深 20～30 厘米，先排后灌，换水时换水速度不宜过快，以免对河蟹造成强刺激。在进水时用 60 目双层筛网过滤。

4. 每隔 7～10 天，泼撒 1 次生石灰，每次每亩水面用生石灰 15 千克，这有澄清水质、增加水体钙质的作用。如常年周期施用益生菌制剂，则大大减少换水次数，甚至可以不换水。

5. 做好底质调控工作。在日常管理中做到适量投饵，减少剩余残饵沉底；定期使用底质改良剂（如投放过氧化钙、沸石等，投放光合细菌，活菌制剂）；晴天采用机械池内搅动底质，每 2 周 1 次，促进池泥有机物氧化分解。

十、日常管理

建立巡池检查制度：勤做巡池工作，发现异常及时采取对策，早晨主要检查有无残饵，以便调整当天的投饵量，中午测定水温、pH 值、氨氮、亚硝酸氮等有害物，观察池水变化，傍晚或夜间主要是观察了解河蟹活动及吃食情况。经常检查维修加固防逃设施，台风暴雨时应特别注意做好防逃工作。

加强蜕壳蟹管理：通过投饲、换水等措施，促进河蟹群体集中蜕壳。蟹池中始终保持有较多水生植物，蜕壳后及时添加优质饲料，严防因饲料不足而引发河蟹之间的相互残杀。大批河蟹蜕壳时严禁干扰，蜕壳后立即增喂优质适口饲料，防止相互残杀，促进生长。

水草的管理：根据水草的长势，及时在浮植区内泼洒速效肥料。肥液浓度不宜过大，以免造成肥害。如果水花生高 25～30 厘米时，就要及时收割，收割时须留茬 5 厘米左右。其他的水生植物亦要保持合适的面积与密度。

其他：汛期加强检查，严防逃蟹、防偷、防池水被外来物质污染和缺氧、防漏水以及记载饲养管理日志等工作，亦须认真做好。

十一、蟹病防治

在整个养殖过程中，蟹病防治应遵循"预防为主、防治结合"的原则，坚持以生态防治为主，药物防治为辅。积极采取清塘消毒、种草投螺、自育蟹种、苗种检疫和消毒、使用生物活菌调控水质和改善底质等技术措施，达到不生病或少生病，不用药或少用药的目的。

发现河蟹患病时，在防治上应注意一要对症；二要按量；三要有耐心，一般用药后 3～5 天才能见效；四是外用和内服必须双管齐下，相互结合；五是先杀虫后灭菌消毒。

河蟹敌害主要有老鼠、青蛙、蟾蜍、水蜈蚣、蛇及水鸟等，平时及时做好灭鼠工作，春夏季需经常清除池内蛙卵、蝌蚪等。水鸟和麻雀都喜欢啄食刚蜕壳后的软壳蟹，因此一定要注意及时驱除。

第二节　池塘微孔增氧养殖河蟹

溶解氧是养殖鱼、虾、蟹等水生动物生存的必要条件，溶解氧的多少影响着养殖水生动物种类的生存、生长和产量。采用有效的增氧措施，是提高池塘养殖单位产量和效益的重要手段。

一、池塘微孔增氧的概念

池塘微孔增氧技术就是池塘管道微孔增氧技术，也称纳米管增氧，是近几年涌现出来的一项水产养殖新技术，是国家重点推荐的一项新型渔业高效增氧技术，有利于推进生态、健康、优质、安全养殖。

微孔管增氧装置是利用三叶罗茨鼓风机通过微孔管将新鲜空气从水深 1.5～2 米的池塘底部均匀地在整个微孔管上以微气泡形式溢出，微气泡与水充分接触产生气液交换，氧气溶入水中，能大幅度提高水体溶解氧含量，达到高效增氧目的，提高产量的目的，现已广泛应用于水产养殖上。

据有关研究资料统计，鱼类在溶氧 3 毫克/升时的饵料系数，要比 4 毫克/升时增大 1 倍，生长在溶氧 7 毫克/升中的鱼生长速度比生长在溶氧 4 毫克/升中的鱼快 20%～30%，而饵料系数低 30%～50%。当水中溶氧量达到 4.5 毫克/升以上时，鱼的食欲增强极为明显；达到 5 毫克/升以上时，饵料系数达到最低值。因此可以这样说，池塘中溶氧的状况是影响河蟹摄食量及饲料食入后消化吸收率，以及生长速度、饵料系数高低的重要因素。所以，增氧显得尤为重要，使用增氧机可以有效补充水塘中的溶解氧。一般用水车式增氧机的池塘，上层水体很少缺氧，但却难以提供池底充足氧气，所以缺氧都是在池塘底部。池塘微孔增氧技术正是利用了池塘底部铺设的管道，把含氧空气直接输到池塘底部，从池底往上向水体散气补充氧气，使底部水体一样保持高的溶解氧，防止底层缺氧引起的水体亚缺氧，同时它也会造成水流的旋转和上下对流，将底部有害气体带出水面，加快对池底氨、氮、亚硝酸盐、硫化氢的氧化，抑制底部有害微生物的生长，改善了池塘的水质条件，减少了病害的发生。在主机相同功率的情况下，微孔增氧机的增氧能力是叶轮式增氧机的 3 倍，为当前主要推广的增氧设施。

二、池塘微孔增氧的类型及设备

1. 点状增氧系统

又称短条式增氧系统，就像气泡石一样进行工作，在增氧时呈点状分布，具有用微孔管少，成本低，安装方便的优点。它的主要结构是由 3 部分组成，就是主管-支管-微孔曝气管。支管长度一般在 50 米以内，在支管道上每隔 2～3 米有固定的接头连接微孔曝气管，而微管也是较短的，一般在 15～50 厘米。

2. 条形增氧系统

就是在增氧时呈长条形分布，比点状增氧效率更高一点，当然成本也要高一点，需要的微管也多一点，曝气管总长度在 60 米左右，管间距 10 米左右，每根微管30～50 厘米，同时微孔曝气管距池底 10～15 厘米，不能紧贴着底泥，每亩配备鼓风机功率 0.1 千瓦。

3. 盘形增氧系统

这是目前使用效率最高的一种微孔增氧系统，也是制作最复杂的系统，在增氧时，氧气呈盘子状释放，具有立体增氧的效果。使用时用 4～6 毫米直径钢筋弯成盘框，曝气管固定在盘框上，盘框总长度 15～20 米，每亩装 3～4 只曝气盘，盘框需固定在池底，离池底 10～15 厘米。每亩配备鼓风机功率 0.1～0.15 千瓦。

无论是哪种微管增氧系统，它们都需要主机，是为池塘的氧气提供来源的，因此需要选择好。一般选择罗茨鼓风机，因为它具有寿命长、送风压力高、送风稳定性和运行可靠性强的特点，功率大小依水面面积而定，15～20 亩（2～3 个塘）可选 3 千瓦 1 台，30～40 亩（5～6 个塘）可选 5.5 千瓦 1 台。总供气管架设在池塘中间上部，高于池水最高水位 10～15 厘米，并贯穿整个池塘，呈南北向。总管后面一般接上支管，然后再接微管。

三、微孔增氧的合理配置

在池塘中利用微孔增氧技术养殖河蟹时，微孔系统的配置是有讲究的，根据相关专家计算，1.5 米以上深的每亩精养塘需 40～70 米长的微孔管（内外直径 10 厘米和 14 毫米）。在水体溶氧低于 4 毫克/升时，开机曝气 2 个小时能提高到 5 毫克/升以上。

对于微管的管径也有一定的要求，如水深 1.5～3 米的露天养殖水体，用外直径 14 毫米、内直径 10 毫米的微孔管，每根管长度不超过 50 米；工厂化养殖水体，水深 3～4 米的，用外直径 14～14.5 毫米，内直径 10 毫米微孔管，管长不超过 50 米；水深 1.5 米以下的大水面，用外直径 17 毫米，内直径 12 毫米的微孔管，管长不超过 60 米。

四、微管的布设技巧

利用微孔增氧技术，强调的是微管的作用，因此微管的布设也是很有讲究的，这里以一家养殖河蟹的池塘为例来说明微管的布设技巧。这口池塘水深正常蓄水在 1 米，要求微管布在离池底 10 厘米处，也可以说要布设在水平线下 90 厘米处，这样我们可用两根长 1.2 米以上的竹杆，把微孔管分别固定在竹杆的由下向上的 30 厘米处，而后再向上在 90 厘米处打一个记号，再后两人各抓一根竹杆，各向池塘两边把微孔管拉紧后将竹杆插入塘底，直至打记号处到水平为止。在布设管道时，一定要将微管底部固定好，不能出现管子脱离固定桩，浮在水面的情况发生，这样就会大大降低了使用效率。要注意的是充气管在池塘中安装高度尽可能保持一致，底部有沟的池塘，滩面和沟的管道铺设宜分路安装，并有阀门单独控制。如果塘底深浅不在一个水平线上，则以浅的一边为准布管。

在微管设置时不要和水草紧紧地靠在一起，最好是距离水草 10 厘米左右，以免过大的气流将水草根部冲起，从而对水草的成活率造成影响。

五、安装成本

微孔管道增氧系统的安装成本，大概可分为 4 个档次，各养殖户要根据自己的经济状况和养殖面积来合理选择安装档次。一是用全新的罗茨鼓风机与纳米管搭配，安装成本 1300～1500 元/亩；二是用旧罗茨鼓风机与纳米管（包括塑料管）搭配，安装成本 800～1000 元/亩；三是用旧罗茨鼓风机与饮用水级 PVC 搭配，安装成本 500～600 元/亩；四是旧罗茨鼓风机与电工用 PVC 管搭配，安装成本 300～500 元/亩。

六、使用方法

在河蟹池塘里布设微管的目的是为了增加水体的溶氧，因此增氧系统的使用方法就显得非常重要。

一般情况下，我们是根据水体溶氧变化的规律，确定开机增氧的时间和时段。4～5 月，在阴雨天半夜开机增氧；6～10 月的高温季节每天开启时间应保持在 6 小时左右，每天 16：00 时开始开机 2～3 小时，日出前后开机 2～3 小时，连续阴雨或低压天气，可视情况适当延长增氧时间，可在 21：00～22：00 时开机，持续到第二天中午；养殖后期，勤开机，促进河蟹的生长。

另外，在晴天中午开机 1～2 小时，搅动水体，增加低层溶氧，防止有害物质的积累；在使用杀虫消毒药或生物制剂后开机，使药液充分混和于养殖水体中，而且不会因用药引起缺氧现象；在投喂饲料的 2 小时内停止开机，保证河蟹吃食正常。

七、加强管理

在使用微孔增氧养殖河蟹时，单有增氧效果还是不能将河蟹养大的，还需要种植水草、投喂饲料、科学逃逸、控制水质和预防疾病等管理措施，因此在配合使用微管增氧时，这时管理工作一定要加强到位，才能起到事半功倍的效果，具体的管理措施同池塘养殖河蟹是一样的，请读者朋友参阅前文。

八、微孔增氧养殖实际效果

采用微孔增氧技术养殖河蟹，池塘水质稳定，减小了河蟹的应激反应，河蟹的规格大而整齐、病害少、品质好、增重显著，在养殖过程中很少生病。

第三节　池塘套养

一、池塘混养的原理

池塘混养是我国池塘养殖的特色，也是提高池塘水生经济动物产量的重要措施之一。混养可以合理利用饲料和水体，发挥养殖鱼、蟹类之间的互利作用，降低养殖成本，提高养殖产量。河蟹可在家鱼亲鱼池、成鱼池中以及与其他鱼类混养，利用池塘野杂鱼虾、残饵为食，一般不需专门投饵，套养池面积不限。

二、河蟹混养的原则

我国目前养殖的鱼类，从其生活空间看，可相对分为上层鱼类、中下层鱼类和底层鱼类3类。上层鱼类如鲢鱼、鳙鱼，中下层鱼类如草鱼、鳊鱼、鲂鱼等，底层鱼类如青鱼、鲤鱼、鲫鱼、鲮鱼、非洲鲫鱼等。从食性上看，鲢鱼、鳙鱼吃浮游生物和有机碎屑，草鱼、鳊鱼、鲂鱼主要吃草，青鱼主吃螺、蚬等软体动物，鲤鱼、鲫鱼（鲤也吃软体动物）能掘食底泥中的水蚯蚓、摇蚊幼虫以及有机碎屑，鲮鱼、非洲鲫鱼能吃有机碎屑及着生藻类。池塘单独养殖上述鱼类，水体中的空间和饵料生物（如小鱼、小虾等）没有完全利用，完全可以套养河蟹这种底栖性、杂食的水生经济动物。

三、混养池塘环境要求

池塘大小、位置、面积等条件应随主养鱼类而定，池底硬土质，无淤泥，池壁必须有坡度，且坡度要大于3∶1。

混养河蟹的池塘必须是无污染的江、河、湖、库等大水体地表水作水源，也可用地下水，地下水有如下优点：有固定的独立水源；没有病原体的野杂鱼。没有污染。全年温度相对稳定。pH值为6.5～8.5，溶氧在5毫克/升以上，池塘中必要时要配备增氧机或其他增氧设备，浮游动物、底栖动物、小鱼、小虾丰富。

池塘要有良好的排灌系统，一端上部进水，另一端池底部排水，进排水口都要有防敌害、防逃网罩。

池塘底部应有约 1/5 底面积的沉水植物区，并有足够的人工隐蔽物，如废轮胎、网片、PVC 管、废瓦缸、竹排等。

四、防逃设施

河蟹混养的防逃设施也不可少。防逃设施有多种，常用的有 2 种，一是安插高 45 厘米的硬质钙塑板作为防逃板，埋入田埂泥土中约 15 厘米，每隔 100 厘米处用一木桩固定。注意四角应做成弧形，防止河蟹沿夹角攀爬外逃；第二种防逃设施是采用网片和硬质塑料薄膜共同防逃，用高 50 厘米的有机纱窗围在池埂四周，在网上内面距顶端 10 厘米处再缝上一条宽 25 厘米的硬质塑料薄膜即可。

五、四大家鱼亲鱼或成鱼塘混养河蟹

1. 池塘条件

池塘要选择水源充足、水质良好，水深为 1.5 米以上的成鱼养殖池塘。

2. 放养时间

幼蟹的放养时间一般在 3 月中旬进行。

3. 放养模式及数量

每亩放养蟹种 300 只，规格为 80～150 只/千克。

4. 饲料投喂

根据放养量池塘本身的资源条件来看，一般不需投饵，混养的河蟹以池塘中的野杂鱼和其他主养鱼吃剩的饲料为食，如发现鱼塘中确实饵料不足可适当投喂。

5. 日常管理

（1）每天坚持早晚各巡塘 1 次，早上观察有无鱼浮头现象，如浮头过久，应适时加注新水或开动增氧机，下午检查鱼吃食情况，以确定次日投饵量，另外，酷热季节，天气突变时，应加强夜间巡塘，防止意外。

（2）适时注水，改善水质，一般 15～20 天加注新水 1 次，天气干旱时，应增加注水次数，如果鱼塘载体量高，必须配备增氧机，并科学使用增氧机。

（3）定期检查鱼生长情况，如发现生长缓慢，则须加强投喂。

（4）做好病害防治工作，蟹种下塘前要用 3％的食盐水浸浴 10 分钟或用防水霉菌的药物浸浴。5 月、7 月、9 月份用杀虫药全池泼洒各 1 次，防止纤毛虫等寄生虫侵害。

这种模式在各地普遍采用，尤其适合于中小型养殖户，其优点是管理方便，不影响其他鱼类生长。

六、蟹鲌混养技术

1. 池塘条件

可利用原有蟹池，也可利用养鱼塘加以改造。池塘要选择水源充足、水质良好，水深为 1.5 米以上，水草覆盖率达 35%。

2. 准备工作

清整池塘：主要是加固塘埂，利用冬闲季节，将池塘中过多淤泥清出，干塘冻晒，同时把浅水塘改造成深水塘，使池塘能保持水深达到 1.8 米以上。消毒清淤后，每亩用生石灰 75～100 千克化浆全池泼洒，将生石灰溶化后不得冷却即进行全池泼洒，以杀灭黑鱼、黄鳝及池塘内的病原体等敌害。

进水：在蟹种或翘嘴红鲌鱼种投放前 20 天即可进水，水深达到 50～60 厘米。进水时可用 60 目筛绢布严格过滤。

种草：投放蟹种前应移植水草，使河蟹有良好栖息环境。水草培植一般可播种苦草、移栽伊乐藻、轮叶黑藻、金鱼藻及聚草等。种植苦草，用种量每亩水面 400～750 克，从 4 月 10 日开始分批播种，每批间隔 10 天。播种期间水深控制在 30～60 厘米，苦草发芽及幼苗期，应投喂土豆等植物性饲料，减少河蟹对草芽的破环。水草难以培植的塘口，可在 12 月份移植伊乐藻，行距 2 米，株距 0.5~1 米。整个养殖期间水草总量应控制在池塘总面积的 50%~70%。水草过少要及时补充移植，过多应及时清除。

投螺：放养螺蛳 500 千克/亩。

3. 防逃设施

做好河蟹的防逃工作是至关重要的，具体的防逃工作和设施应和上文一样，另外在进出水口用铁丝网制成防逃栅，防止河蟹逃跑。

4. 培育河蟹基础饵料

在消毒进水药物毒性消失后，就可补充投放天然饵料，在清明前投放鲜活螺蛳，每亩 300~400 千克。

5. 放养时间

蟹种放养工作应在 3 月 20 日之前完成。蟹种的选择应该优先考虑长江天然苗培育的蟹种，其次是种质优良的人繁苗培育的蟹种。规格大小为 70~120 只/千克，每亩可放养 400~600 只。蟹种要求体色鲜亮，无残无病，活动力强，无第二性特征。

翘嘴红鲌冬片放养时间为当年 12 月至翌年 3 月底之前。放养密度宜少不宜多，以水中野杂鱼为主要饵料时，池塘每亩放养 15 厘米规格的鲌鱼种，池塘每亩投放 200~300 尾。另外可放养 3~4 厘米规格夏花 500~1000 尾，搭配放养白鲢鱼种 20 尾/亩，花鲢鱼种 40 尾/亩。

6. 饲料投喂

鲌鱼饵料的来源有 7 个方面，一是水域中的野杂鱼和活螺蛳；二是水域中培育的饵料鱼；三是喂蟹吃剩的野杂鱼（死鱼）；四是饲养管理过程中补充饵料鱼。在生长后期饵料鱼不足时，应补充足量饵料鱼供鲌鱼及河蟹摄食；五是投喂配合饵料；六是投放植物性饲料，以水草、玉米、蚕豆、南瓜为主。许多养殖户认为养殖河蟹不需要投喂，这种观念是非常错误的，实践表明，不投喂的河蟹个头小、性特征明显、成熟快、市场认可度低，价格也低。

投喂量则主要根据河蟹、鲌两者体重计算，每日投喂 2～3 次，投饵率一般掌握在 5％～8％，具体视水温、水质、天气变化等情况调整。投喂饵料时翘嘴红鲌一般只吃浮在水面上的饲料，投放进去的部分饲料因来不及被鱼吃掉而沉入水底，而河蟹则喜欢在水底吃食，可以起到养殖大丰收的效果。

7. 日常管理

水质管理：水质管理的方法主要是培植水草、药物消毒、及时换水等。水质要保持清新，时常注入新水，使水质保持高溶氧。水位随水温的升高而逐渐增加，池塘前期水温较低时，水宜浅，水深可保持在 50 厘米，使水温快速提高，促进河蟹蜕壳生长。随着水温升高，水深应逐渐加深至 1.5 米，底部形成相对低温层。水色要清嫩，透明度在35~40厘米，夏季坚持勤加水，以改善水体环境，使水质保持高溶氧。水草生长期间或缺磷的水域，应每隔10天左右施1次磷肥，每次每亩1.5千克，以促进水生动物和水草的生长。

病害防治：对蟹、鲌病防治主要以防为主，防治结合，重视生态防病，以营造良好生态环境从而减少疾病发生。平时要定期泼洒生石灰、磷酸二氢钙以改善水质，如果发病，用药要注意兼顾河蟹、翘嘴红鲌对药物的敏感性，在整个养殖期间禁止使用敌百虫、敌杀死等杀虫药物。

做好投饵工作：饵料投喂前期河蟹放养后，宜投喂新鲜鱼、螺肉等精饲料，辅以投喂土豆等植物性饲料，投喂量占河蟹体重的5%左右，随着河蟹的生长和水温的增高，投饵率也要相应增加，高温季节投饵以2~3小时吃完为度。

加强巡塘：一是观察水色，注意河蟹和鲌鱼的动态，检查水质、观察河蟹摄食情况和池中的饵料鱼数量。二是大风大雨过后及时检查防逃设施，如有破损及时修补，如有蛙蛇等敌害及时清除，观察残饵情况，及时调整投喂量，并详细记录养殖日记，以随时采取应对措施。

七、蟹鳜套养技术

1. 清整池塘

首先是抽水暴晒：利用冬季空闲时间进行清池，抽干池水，暴晒 1 个月（可适当冰冻）。

其次是清淤：要及时清除淤泥，这对陈年池塘尤为重要，为了方便来年种植水草，宜留 10～15 厘米的淤泥层。

再次是修坡固堤：要及时加固塘埂，维修护坡，使坡比达到 1∶(2.5～3)。

最后就是做好消毒工作：每亩施干燥的生石灰 75 千克，并耙匀。也可用生石灰化水后趁进行全池泼洒。

2. 选择品种

（1）鳜鱼的种类和生长性能

目前在自然流域中生长的鳜鱼种类较多，有大眼鳜、翘嘴鳜、斑鳜、暗鳜、石鳜和波纹鳜等，最常见的是大眼鳜、翘嘴鳜。根据生产经验和实际效果来看，翘嘴鳜具有明显的生长优势，应是第一优先品种，因此在选购种苗时一定要分清，以免导致亏本。

（2）大眼鳜和翘嘴鳜的区别

大眼鳜和翘嘴鳜两者的主要区别是在于眼的大小不同，大眼鳜眼大，占头长的 1/4 左右，因此许多渔民又称之为睁眼鳜；而翘嘴鳜的眼较小，仅占头部的 1/6，因此渔民为了区别就称之为细眼鳜。从其他方面也能区别，例如大眼鳜背部较平，身体相对较修长，体形似鲤鱼的形状；而翘嘴鳜的背部隆起，显得体较高而显侧扁，身体呈菱形，有点像团头鲂。

3. 鳜鱼的饵料要充足

（1）鳜鱼饵料的准备

在投放鳜鱼苗种前，必须保证有充足的适口饵料鱼供应，可一次投足或分批投喂。如果饵料大小不适口、数量不充足，不但影响鳜鱼的生存、生长、发育，而且导致同类相残，弱肉强食。可人为地在池塘中投放鲜活的饵料鱼，时间是在 4 月初，此时水草基本上成活并恢复生长态势。每亩要选择性腺发育良好无病无伤的二冬龄鲤鲫鱼（雌雄性比控制在 2：1 为宜）5 千克。在下塘时，用 10 毫克/升的高锰酸钾溶液浸洗 5 分钟或 5％的食盐水溶液浸洗 30 秒，在水草茂盛区入池。待 5 月中旬前后，性腺发育良好的鲤鲫鱼会自然繁殖，为鳜鱼提供大量的鲜活饵料鱼。另一方面也可在每月或每半月根据鳜鱼的实际生长情况和池塘的储备量来定期定量地补充饵料鱼。

（2）集中诱饵

在自然条件下，鳜鱼通常利用体表的颜色和花纹，隐藏于水草或瓦砾缝隙之间，等被捕对象游近时再突然袭击。根据这一特点，可以在池塘边角上堆放一些树枝杂草或砖石瓦块，供鳜鱼栖息，同时常向这些区域投放有诱惑力的饵料，如菜饼等，以利于将饵料鱼和其他的野杂鱼引诱集中在一起，便于鳜鱼捕食。

4. 河蟹的饵料

一是水草的准备：在每年的 3 月初即可进行人工水草的储备，保持池塘的水深在 30～40 厘米，把伊乐藻或聚草分段后进行扦插，扦插时不能太疏也不宜太密，一般行距为 1 米，株距为 1.5 米。

二是移植活的田螺，为了满足河蟹对动物性饵料的需求，在 4 月中旬，每亩投放鲜活的田螺 250～300 千克。

5. 鱼种投放

鳜鱼种投放的规格力求在 10 厘米以上，每亩套作 20 尾，这样的大规格鱼种，经过一冬龄的养殖，即可达到 400 克左右的商品规格，保证当年投放，当年受益。苗种规格越大，成活率越高，生长越快，经济效益越好，但是规格大，投资和风险相应增大，所以适宜的规格在 10 厘米为宜。要求苗种体质健壮无病、无伤、无害，活动能力强。投放密度应根据饵料鱼的多寡以及养殖模式而决定。套养投放时，应以稀放为原则，以期当年受益。而且必须一次投足，规格大小应一致，以免发生"大吃小"的残食现象。

在苗种下塘时，先将苗种袋放入池中浸泡 10 分钟进行苗种试水试温，直到池、袋的水温一致后，加入 5% 的食盐水浸泡 5 分钟，然后将鱼苗缓缓倾入水草茂盛区。

6. 蟹种的暂养与放养

蟹种全部选用上年培育的扣蟹，规格平均为 80～100 只/千克，要求规格整齐，附肢健全，无病、无伤、无害，活动能力强，应激反应快，亩放 400 只左右。4 月中旬入池，在进入大池前，先暂养在池塘进水口一侧，面积占池塘的 1/10。加强人工投喂，到 5 月中旬，当池塘的水草覆盖率超过 30％时，撤去暂养围网，使扣蟹进入大塘区域饲养。

7. 养殖模式多样化

鳜鱼单养不如套养，密养不如稀养，精养不如粗养。其中以稀放套养效果最佳，尤其是那些天然饵料丰富，河蟹和鳜鱼活动空间大的池塘，生长最快。

8. 水质管理

鳜鱼和河蟹都喜欢清新的水质，对低溶氧的忍耐力较差，而且丰富的溶氧不但有助于河蟹的肥满，也有助于鳜鱼的生长，所以蟹鳜套作的池塘施肥不能太多太勤。因此，我们在日常管理中重点加强水质的人为调控。

（1）加注新水增溶氧

平均每 5～7 天注水 1 次，注水量为 20 厘米，每半月换水 1/3，高温季节每天先在排水口排水，再注入等量的新鲜水，保持每天水位改变辐度在 10 厘米左右。在盛夏高温季节，加大换水力度，每 3 天换冲水 1 次，同时要加足水位。

（2）调节水中的酸碱度

在水深 1 米的情况下，每亩用 20 千克的生石灰化水后，趁热全池泼洒，调节水体 pH 值为 7.2～8.0，时间每 15 天 1 次。

（3）生物制剂调节

每月施用 1 次高效的生物制剂进行调节，如 EM 原露和活性硝化细菌，可提高水体的有效活性微生物，有效地保证了水质的优化。

（4）开动增氧机

每天坚持早晚巡塘，查看水边鱼虾蟹活动情况，如果水质过肥，青虾和小河蟹在池边游动不安，要及时换冲水，或开动增氧机，因为鳜鱼对溶氧十分敏感，一旦发生泛塘现象，池内套养的鳜鱼几乎全部死光。

9. 饲料投喂

鳜鱼的投饵主要是适时适量适口投喂饵料鱼，满足鳜鱼对饵料鱼的需求。它的饵料源在前面已经表述过。另外可根据饵料鱼的供应情况，适当补充一些活的饵料鱼，方法是一次性投足。每 7 天为一投饵期，根据检测的生长速度数据、摄食状况、水温升降、饵料鱼的适口程度等条件，适当增减饵料鱼的投喂量。

根据河蟹的生长规律和生长特点，可以采取"中间粗、前后精，移螺植草"相结合的投喂方式。初期以小鱼和颗粒饵料为主，中期以投喂水草、南瓜、小麦、玉米和轧碎的田螺为主，后期则弱化颗粒饵料的投喂，增加鱼虾和田螺的投喂，以增加河蟹的肥满度。

10. 疾病预防

"无病先防，有病早治"的原则对鳜鱼和河蟹尤为重要，一方面要不断改善生态环境，促进鳜鱼生长发育，增强自身对疾病的抵抗力，同时在运输、投饵、消毒等方面要严格把关，尽量杜绝外来病原菌的侵入和人为的损伤。治病时，施药的种类及浓度要慎重，因为鳜鱼对敌百虫等药物特别敏感，很小的浓度就会致死。

另外，河蟹对高浓度的硫酸亚铜溶液也有不良反应，尽量不施用有毒的化学药品，主要应采取生态防治为主。一是严防菌种的引进关；二是抓好苗种的检疫关；三是加强对苗种的消毒关；四是抓好水质的调节关；五是抓好饵料的质量关。

11. 捕捞

由于鳜鱼有"趴窝"的习性，因此网捕效果不佳。捕捞时采取多方法同时进行，首先是用地笼捕河蟹，可以捕获 90% 左右的河蟹（也会捕捞少量的鳜鱼）；其次是经过降水冲水刺激后，再用地笼捕，能捕捞所有的河蟹。再次就是用网捕，可以捕去大部分的其他经济鱼类和野生鱼类；最后就是干塘一次性捕获鳜鱼，也可在干塘前用丝网进行捕捞，也能捕捞大约 40% 的鳜鱼。

八、河蟹和青虾套养

蟹虾套养适宜鱼虾,不仅可以增收增效,还可以改善蟹池生态环境,促进河蟹生长。

1. 池塘要求

河蟹和青虾套养的池塘,面积以 10 亩左右为宜,水深 1.2 米左右。

2. 清池

清池前将水排至仅剩 10~20 厘米。可用生石灰、茶子饼、鱼滕精或漂白粉进行消毒,将它们化水后均匀洒于池面、洞穴中。

3. 做好防逃设施

池塘四周要有 2 道坚固的防逃设施,第一道用铁丝网及聚乙烯网围住,第二道安装塑料薄膜。

4. 培养饵料生物

为解决河蟹和青虾的部分生物饵料,促其快速生长,清池后进水 50 厘米,施肥繁殖饵料生物。无机肥按氮磷或投放,在 1 个月内每隔 5 天施 1 次,具体视水色情况而定,有机肥每亩施鸡粪 35~50 千克。使池水呈黄绿色或浅褐色,透明度 30~50 厘米为宜。

5. 投放水草

配备良好的池塘生态环境，大量种植水草，品种应多种多样，如伊乐藻、苦草、黄草等，使水草覆盖率占养殖水面的 2/3 以上，有一些养殖户投放水花生，效果也很好，他们在蟹池一角放养一定数量的水花生，占池塘面积的 5%～10%。放养水花生有以下好处：①水花生可供河蟹栖居蜕壳；②可供河蟹摄食；③如池塘缺氧或用药物全池泼洒，河蟹均可爬在水花生上，以挽救生命。

6. 苗种投放

建立蟹种培育基地，走自育自养之路，选购长江水系河蟹繁育的大眼幼体，培养二龄幼蟹，自己培育的蟹种，成蟹养殖回捕率可达 75% 以上，比外购种可高出30%。3 月份放养河蟹，规格为 100～120 只/千克，同时亩套养 800～1200 只/千克青虾苗 3～4 千克，5～6 月份陆续起捕上市，可亩产青虾 10 千克。

7. 饵料投喂

河蟹套养青虾时，以投喂河蟹的饵料为主，使用高品质的河蟹专用颗粒饲料，采用"四看、四定"，确定投饵量，生长旺季投饵量可占河蟹体重的 5%～8%，其他季节投饵量为 3%～5%，每天投饵量要根据当天水温和上一天摄食情况酌情增减，定点投喂在岸边和浅水区，投喂时间定在每天傍晚时分。

由于青虾摄食能力比河蟹弱，吃河蟹剩余饵料，清扫残饵，一方面防止败坏水质，另一方面可有效地利用饵料，不需要另外单独投喂饵料。同时套养的青虾本身还可以作为河蟹饵料。

8. 饲养管理

一是防止缺氧，河蟹对池水缺氧十分敏感，因此在高温季节，每隔1周左右应注水1次，使水质保持"肥、活、爽"。

二是做好水质控制和调节，春季水位 0.6～0.8 米，夏秋季 1.0～1.5 米，春季每月换水 1 次，夏秋季每周换水 1 次，每次换水 2/5，换水温差不超过 3℃。每半个月每亩用生石灰 10 千克调节水质，增加水中钙离子，满足河蟹脱壳需要。

三是做好疾病防治工作，在养殖期间从 6 月份开始每月用 0.3 毫克/升强氯精全池泼洒 1 次。

九、河蟹与龙虾混养

由于河蟹会与龙虾争食、争氧、争水草，且两者都具有自残和互残的习性，传统养殖一直把龙虾作为蟹池的敌害生物，认为在蟹池中套养龙虾是有一定风险的，认为龙虾会残食正在蜕壳的软壳蟹。但是从我们地区养殖实践来看，养蟹池塘套养龙虾是可行的，并不影响河蟹的成活率和生长发育。

1. 池塘选择

池塘选择以养殖河蟹为主，要求水源充足，水质条件良好，池底平坦，底质以砂石或硬质土底为好，无渗漏，进排水方便，蟹池的进、排水总渠应分开，进、排水口应用双层密网防逃，同时也能有效地防止蛙卵、野杂鱼卵及幼体进入池塘危害蜕壳虾蟹；为了防止夏天雨季冲毁堤埂，可以开设一个溢水口，溢水口也用双层密网过滤，防止幼虾幼蟹乘机顶水逃走。

对于面积10亩以下的河蟹池，应改平底型为环沟型或"井"字型，池塘中间要多做几条塘中埂，埂与埂间的位置交错开，埂宽30厘米即可，只要略微露出水面即可。对于面积10亩以上的河蟹池，应改平底型为交错沟型。这些池塘改造工作应结合年底清塘清淤时一起进行。

2. 防逃设施

无论是养殖龙虾还是河蟹，防逃设施是必不可少的一环。防逃设施常用的有2种，一是安插高45厘米的硬质钙塑板作为防逃板，注意四角应做成弧形，防止龙虾沿夹角攀爬外逃；第二种是采用网片和硬质塑料薄膜共同防逃，既可防止龙虾逃逸，又可防止敌害生物进入伤害幼虾。

3. 隐蔽设施

池塘中要有足够的隐蔽物，可以设置竹筒、瓦片、网片、砖块、石块、竹排、塑料筒、人工洞穴等隐蔽物体供其栖息穴居，一般每亩要设置 3000 个以上的人工巢穴。

4. 池塘清整、消毒

池塘要做好平整塘底，清整塘埂的工作，使池底和池壁有良好的保水性能，尽可能减少池水的渗漏。对旧塘进行清除淤泥、晒塘和消毒工作，可有效杀灭池中的敌害生物如鲶鱼、泥鳅、乌鳢、蛇、鼠等，争食的野杂鱼类及一些致病菌。

5. 种植水草

"蟹大小，看水草"、"虾多少，看水草"，在水草多的池塘养殖河蟹和龙虾的成活率就非常高。水草是龙虾和河蟹隐蔽、栖息、蜕皮生长的理想场所，水草也能净化水质，减低水体的肥度，对提高水体透明度，促使水环境清新有重要作用。同时，在养殖过程中，有可能发生投喂饲料不足的情况，由于河蟹和龙虾都会摄食部分水草，因此，水草也可作为河蟹和龙虾的补充饲料。要保证蟹池中水草的种植量，水草覆盖面积要占整个池塘面积的 50% 以上，这样可将河蟹和龙虾相互之间的影响降到最低。龙虾和河蟹最好在蟹池中水草长起来后再放入。

6. 投放螺蛳

螺蛳是河蟹和龙虾很重要的动物性饵料，在放养前必须放足鲜活的螺蛳，每亩放养在 200~400 千克，投放螺蛳一方面可以净化底质，另一方面可以补充动物性饵料，还有一点就是螺蛳肉被吃完后留下的壳可以为水体提供一定量的钙质，能促进河蟹和龙虾的蜕壳，所以池塘中投放螺蛳的这几点用处是至关重要，千万不能忽视。

7. 蟹、虾放养

石灰水消毒后 7~10 天水质正常时即可放苗。

蟹、虾的质量要求：一是体表光洁亮丽、肢体完整健全、无伤无病、体质健壮、生命力强。二是规格整齐，稚虾规格在 1 厘米以上，扣蟹规格在 80 只/千克左右。同一池塘放养的虾苗蟹种规格要一致，一次放足。

一般蟹池套养龙虾每亩放虾苗 2000 尾，在 3 月份左右投放；扣蟹 600 只，在 5 月份左右投放，放养量不宜过多，否则会造成养殖失败。要注意的是蟹、虾放养前用 3%~5% 食盐水浴洗 10 分钟，杀灭寄生虫和致病菌。同时可适当混养一些鲢鳙鱼等中上层滤食性鱼类，以改善水质，充分利用饵料资源，而且可作塘内缺氧的指示鱼类。

8. 合理投饵

河蟹和龙虾一样，食性杂，且比较贪食，喜食小杂鱼、螺狮、黄豆，也食配合饲料、豆饼、花生饼、剁碎的空心菜及低值贝类等饲料，为了让河蟹和龙虾吃饱是避免河蟹和龙虾自相残杀和互相残杀的重要措施，因此要准确掌握池塘中河蟹和龙虾的数量，投足饲料。饲料投喂要掌握"两头精、中间粗"的原则。在大量投喂饲料的同时要注意调控好水质，避免大量投喂饲料造成水质恶化，引起虾、蟹死亡。

9. 管理

一是水质管理，强化水质管理，保证溶氧充足，保持"肥、爽、活、嫩"，在龙虾放养前期要注重培肥水质，适量施用一些基肥，培育小型浮游动物供龙虾摄食。每15～20天换1次水，每次换水1/3。水质过肥时用生石灰消杀浮游生物，一般每20天泼洒1次生石灰水，每次每亩用生石灰10千克。

二是养殖期间要适时用地笼等将龙虾捕大留小，以降低后期池塘中龙虾的密度，保证河蟹生长。

三是加强蜕壳虾蟹的管理，通过投饲、换水等技术措施，促进河蟹和龙虾群体集中蜕壳。在大批虾蟹蜕壳时严禁干扰，蜕壳后及时添加优质饲料，严防因饲料不足而引发虾蟹之间的相互残杀。

十、河蟹与福寿螺混养技术

1. 利用福寿螺养殖河蟹的意义

（1）河蟹养殖现状需要改变养殖模式

在一些内陆养蟹地区，由于多年来养殖户对天然水域内水草、螺、蚌等生物资源持续过度开发，致使河蟹养殖水域的环境质量持续下降，具体表现为：不是养蟹首选的水花生等漂浮水生植物过度繁殖，对养蟹有益的沉水性植物（苦草、轮叶黑藻、马来眼子菜等）现已成为劣势种群，螺蚌等河蟹喜食的天然生物饵料急剧下降，为了保障河蟹生长所需要的能量，养蟹户大量投喂黄豆、玉米、小麦、南瓜、鲜鱼、冻鱼、碎螺等，不仅导致养蟹成本急剧上升，而且因为投喂的饲料原料转化率低，不能很好地满足河蟹本身的营养需求，故水质富营养化程度更进一步加剧，河蟹体质及抗病力下降，生长规格下降，外观质量等外观表现和口感等内在品质也不断下降。

为了提高河蟹的品质和降低生产成本，增加养殖效益，减少病害的发生，需要我们养殖户不断改变养殖模式，采用在河蟹池塘里混养福寿螺是一种很好的尝试。实践表明，用福寿螺取代大豆、小麦、鱼等饲料原料既可降低成本，又能提高河蟹品质，是实现养蟹经济效益提高的重要途径。

（2）可有效地降低河蟹养殖成本

专用河蟹饲料的成本较高，如果用低成本、易饲养、营养丰富的福寿螺取代大豆、小麦、玉米、冻鱼、鲜鱼等可直接降低养蟹的饲料成本。据测算：福寿螺的人工养殖成本可控制在 0.4～0.5 元/千克，远远低于小麦、玉米的购买价格，而鲜鱼或冻鱼的销售价格高达 2～3 元/千克。更重要的是福寿螺的含肉率高，营养丰富，河蟹喜食，更能促进河蟹生长，加快营养物质积累，所以河蟹规格更大，品质更好、售价更高。

（3）有利于池塘食物链的转化

在池塘中采用养螺来养蟹的技术，福寿螺可以将池塘里过多的水花生摄食，而河蟹则是以福寿螺的肉为主要动物性饵料，形成一种新的食物链。

（4）有利于疾病的防控

在高温期，鱼易腐臭，故投喂冻鱼或鲜鱼易引发蟹病，水质也易恶化，而福寿螺始终能做到鲜活投喂，可减少蟹病发生，也有助于降低养户的蟹病防治费用，这也符合当前健康养殖、绿色消费的时代要求。

（5）福寿螺的生长速度正好适应河蟹的取食

研究表明，福寿螺的生长繁殖规律与河蟹摄食强弱的变化规律相一致。福寿螺在水温8℃以下开始冬眠，最适生长繁殖温度为25～32℃，而河蟹的摄食下限温度为5～6℃，脱壳的最适水温为24～30℃，故河蟹生长摄食旺盛期也正是福寿螺快速生长繁殖期。因此在河蟹生长旺期或性腺发育成熟和体内营养物质积累期内，只要控制得当总能有足够的福寿螺投喂河蟹，这与河蟹进入生长旺期时要进行强化培育的生产要求相一致，只有这样才能促进河蟹生长，提高规格和产量。

2. 蟹池条件

养殖池选择：养殖池应选择建在靠近水源，灌、排水均十分方便的地方，要求水质良好，符合养殖用水标准，无污染，池底平坦，底质以壤土为好，池塘水面以5～15亩为宜，长方形，水深1～1.5米。面积太小，水温变化快，不利于河蟹和福寿螺在相对稳定的环境里生长。连片养殖区进、排水渠要分开，以免发病时交叉感染。

进排水系统：池塘的进排水口应用双层密网防逃，同时也能有效地防止蛙卵、野杂鱼卵及幼体进入池塘危害蜕壳蟹；为了防止夏天雨季冲毁堤埂，可以开设一个溢水口，溢水口也用双层密网过滤，防止河蟹和螺乘机顶水逃走。

养殖池改造：对于面积 20 亩以下的养殖池，应改平底型为环沟型或"井"字型。对于面积 20 亩以上的养殖池，应改平底型为交错沟型。沟的面积占养殖池总面积20%左右。

3. 防逃设施

福寿螺本身有一定的逃跑能力，而河蟹的逃逸能力更强，因此在河蟹和福寿螺的放养前一定要做好防逃设施。防逃设施可以采用麻布网片或尼龙网片或有机纱窗和硬质塑料薄膜共同防逃，用高 50 厘米的有机纱窗围在池埂四周，用质量好的直径为 4～5 毫米的聚乙烯绳作为上纲，缝在网布的上缘，缝制时纲绳必须拉紧，针线从纲绳中穿过。然后选取长度为 1.5～1.8 米的木桩或毛竹，削掉毛刺，打入泥土中的一端削成锥形，或锯成斜口，沿池埂将桩打入土中 50～60 厘米，桩间距 3 米左右，并使桩与桩之间呈直线排列，池塘拐角处呈圆弧形。将网的上纲固定在木桩上，使网高保持不低于 40 厘米，然后在网上部距顶端 10 厘米处再缝上一条宽 25 厘米的硬质塑料薄膜即可。

4. 池塘清整、消毒

池塘的清整消毒同前文的池塘养殖处理方法相同。

5. 种植水草

河蟹喜爱吃水草，而福寿螺更是以植物性食物为主食，因此在养殖池移栽伊乐藻、水花生、苦草、轮叶黑藻等水草，覆盖率占到池塘面积的 50%左右。

水草的种植可根据不同情况而有一定差异，一是沿池四周浅水处 10%～20%面积种植水草，既可供螺类、河蟹摄食，同时为幼螺和河蟹提供了隐蔽、栖息的理想场所，也是河蟹蜕壳的良好地方；二是在池塘中央可提前栽培伊乐藻或菹草；三是移植水花生或凤眼莲到水中央；四是临时放草把，方法是把水草扎成团，大小为 1 平方米左右，用绳子和石块固定在水底或浮在水面，每亩可放 25 处左右，也可用草框把水花生、空心菜、水浮莲等固定在水中央。

6. 放养苗种

蟹种放养时水位控制在 50～60 厘米。投放的蟹种要求甲壳完整、肢体齐全、无病无伤、活力强、规格整齐、同一来源，蟹种规格 60～100 只/千克，放养密度 400～600 只/亩。放养时间 3 月底以前放养结束为宜。放养时先用池水浸 2 分钟后提出片刻，再浸 2 分钟提出，重复 3 次，再用 3%～4%的食盐水溶液浸泡消毒 3～5 分钟。

　　福寿螺的放养是在 5 月份进行，放养规格是 1～3 克/只，可亩放 8000 只，也可放养只重 35 克的亲螺，每亩放养 500 只。也可以直接在养殖池中投放卵块，让这些卵块自然孵化就可以了。

7. 投喂

　　(1) 福寿螺的食性

　　在这种养殖模式中，主要是对福寿螺进行投喂，福寿螺属于杂食性螺，它的食性很广，摄食方式为舔刮式。在自然界中，福寿螺主要摄食植物性饲料，主食各种水生植物、陆生草类和瓜果蔬菜，如青萍、紫背浮萍、各种水草、水浮莲、水花生、水葫芦、水果、果皮、冬瓜、南瓜、西瓜、茄子、蕹菜、青菜、白菜、青草和浮游动物等。在人工养殖时，也吃人工饲料，如米糠、麦麸、玉米面、蔬菜、饼粕类饲料、下脚料和禽畜粪便等，在食物缺乏的时候也摄食一些残渣剩饵和腐殖质及浮游动植物等。

　　(2) 福寿螺的投喂技术

　　饲料投喂也要像养鱼一样，采用"四定"法，即定时、定点、定质、定量。

　　定时：在饲养其间，一般每天投喂 2 次，由于福寿螺厌强光，白天活动较少，夜晚多在水面摄食，因此，投喂时间应为 5∶00～6∶00 和 17∶00～18∶00 点，傍晚投饲量占全天的 2/3，早上投饲量占 1/3。

定量：在整个养殖过程中，应掌握"两头轻，中间重"的原则，春秋两季水温较低，日投饵量约占螺体重的 6%左右，夏季水温高，福寿螺的摄食能力增强，日投饵量约占螺体重的 10%左右。每日的具体投饵量通常采用隔日增减法，即根据前一天的吃食情况及剩余饵料多少来决定当天的投喂量，注意既要保证福寿螺吃饱吃好，又要注意不可过剩，以免腐烂沤臭水质。

定质：在投喂饲料时，应以青料为主、精料为辅，投喂过程中要先投喂芜萍、浮萍、苦草、轮叶黑藻、陆生嫩草、青草、菜叶等青饲料，待吃光后再投喂米糠、麸皮、豆饼粉、玉米面、酒糟、豆腐渣等精料。要求所投喂的饵料新鲜、不霉烂、不变质，精细搭配合理，青饲料投喂量占总投喂量的 80%，精饲料占20%左右。

定点：投喂幼螺饵料时要求全池遍洒，保证幼螺尽可能都采食；投喂成螺时，可采取定点定位投饲，视每池的大小，确定固定的 10 个左右投饲点。

（3）河蟹的投喂

河蟹主要是捕食福寿螺和田螺的，对于一些较大的福寿螺，应用抄网将它们捕捉上来，砸碎后再投喂给河蟹吃。只有在池塘里的福寿螺数量很少，不能满足河蟹的捕食时，这时可补充投喂人工颗粒饲料，具体的投喂方法见前文。为了保护蟹池里的福寿螺能持续利用，一定要将植物性食物投喂充足。

（4）投喂时的注意事项

一是在不同的生长发育阶段，投喂的饵料种类和数量是有区别的，15 日龄以内的幼螺，消化系统不发达，食量也不大，主要摄食浮游生物和腐殖质，在此阶段以水质肥沃、浮游生物丰富为好；15 日龄以后的幼螺和成螺，就可喂给青菜、水葫芦、水浮莲、水花生、水草和瓜果皮等饲料，也可喂猪、牛粪、鸡屎、花生饼、米糠、麸皮等；而供繁殖用的亲螺除投给青饲料外，还应多投喂一些糠、饼等精饲料，最好能掺喂一些干酵母粉和钙粉，以增加种螺的营养，提高亲螺的产卵量和孵化率。

二是在适宜的水温条件下，福寿螺的食量很大，几乎整天都摄食，尤其是傍晚摄食量最大。因此，在此阶段一定要保证供应充足的饲料。

三是为了确保池塘里的溶氧充足，保证福寿螺生长快速，在喂食后，池内水体要保持清新，每隔几天就要把植物性饵料残叶捞出，同时要注意水体勤排勤灌，每隔 3～5 天可以换冲水 1 次。

四是要做好全年的投饵分配，其中 7～9 月份是福寿螺的摄食旺季，投饵量应占生长期内投饵量的 90％。

8. 养殖管理

其他的一些养殖管理如水质管理、疾病预防治等同前文一样。

十一、河蟹与南美白对虾混养技术

在池塘中进行河蟹与南美白对虾混养的混养，是利用南美白对虾能在淡水中养殖的特点，采取科学的技术措施，达到增产增效的目的。

1. 池塘选择

一般选择可养鱼的池塘或利用低产农田四周挖沟筑堤改造而成的提水养殖池塘，面积不限，要求水源充足，水质条件良好，池底平坦，底质以砂石或硬质土底为好，无渗漏，进排水方便，虾池的进、排水总渠应分开，进、排水口应用双层密网防逃，同时也能有效地防止蛙卵、野杂鱼卵及幼体进入池塘危害蜕壳的虾蟹。为便于拉网操作，一般20亩左右为宜，水深1.5~1.8米，要求环境安静，水陆交通便利，水源水量充足，水质清新无污染。

2. 配套设施

（1）防逃设施

和南美白对虾相比，河蟹的逃逸能力比较强，因此在进行河蟹混养殖南美白对虾时，必须考虑到河蟹的逃跑因素。防逃设施有多种，常用的有2种，具体的使用方法见前文。

（2）隐蔽设施

无论对于南美白对虾还是河蟹来说，在池塘中设有足够的隐蔽物，对于它们的栖息、隐蔽、蜕壳等都有好处，因此可以设置竹筒、瓦片、网片、砖块、石块、竹排、塑料筒、人工洞穴等隐蔽物体供其栖息穴居，一般每亩要设置 500 个左右的人工巢穴。

（3）其他设施

用塑料薄膜围栏池塘面积的 5％左右作为南美白对虾和幼蟹暂养池，同时根据池塘大小配备抽水泵、增氧机等机械设备。

3. 池塘准备

（1）池塘清整、消毒

池塘要做好平整塘底，清整塘埂的工作，使池底和池壁有良好的保水性能，尽可能减少池水的渗漏。对旧塘进行清除淤泥、晒塘和消毒工作，5 月初抽干池水，清除淤泥，每亩用生石灰 100 千克、茶籽饼 50 千克溶化和浸泡后分别全池泼洒，可有效杀灭池中的敌害生物如鲶鱼、泥鳅、乌鳢、蛇、鼠等，争食的野杂鱼类及一些致病菌。

（2）种植水草

经过滤注水后，虾蟹混养池就要移栽水草，这对南美白对虾和河蟹生长发育都有好处的一种技术措施。水草的种植方法同后文。

4. 放养螺蛳

螺蛳是河蟹很重要的动物性饵料，在放养前必须放足鲜活的螺蛳，一般是在清明前每亩放养鲜活螺蛳 200～

300 千克，以后根据需要逐步添加。投放螺蛳一方面可以改善池塘底质、净化底质，另一方面可以为南美白对虾和河蟹补充部分动物性饵料，还有一点就是螺蛳肉被吃完后留下的壳可以为水体提供一定量的钙质，能促进南美白对虾和河蟹的蜕壳。

5. 苗种投放

石灰水消毒待 7～10 天水质正常后即可放苗。

（1）南美白对虾苗种的放养

南美白对虾要求在 5 月上中旬放养为宜，选购经过检疫的无病毒健康虾苗，规格 2 厘米左右，将虾苗放在浓度为 20 毫克/升的福尔马林液中浸浴 2～3 分钟后放入大塘饲养。每亩放养量为 1 万～1.5 万尾为宜。同一池塘放养的虾苗规格要一致，一次放足。

（2）河蟹苗种的放养

蟹种的质量要求：一是体表光洁亮丽、甲壳完整、肢体完整健全、无伤无病、体质健壮、生命力强、同一来源；二是规格整齐，扣蟹规格在 80 只/千克左右。

蟹种的来源：最好是采用养殖场土池自育的长江水系中华绒螯蟹的 1 龄扣蟹。

放养密度：每亩可放养，放养密度 200～300 只/亩。

放养时间：3 月底以前放养结束为宜。

操作技巧：放养时先用池水浸 2 分钟后提出片刻，再浸 2 分钟提出，重复 3 次，再用 3%～4% 的食盐水溶液浸泡消毒 3～5 分钟，杀灭寄生虫和致病菌，然后放到混养池里。

（3）混养的鱼类

在进行南美白对虾和河蟹混养时，可适当混养一些鲢鳙鱼等中上层滤食性鱼类，以改善水质，充分利用饵料资源，而且这些混养鱼也可作塘内缺氧的指示鱼类。鱼种规格 15 厘米左右，每亩放养鲢、鳙鱼种 50 尾。

6. 饲料投喂

当南美白对虾和河蟹进入大塘后可投喂专用南美白对虾、成蟹饲料，也可投喂自配饲料，如果是自配饲料，这里介绍一个饲料配方：鱼粉或鱼干粉或血粉 17%、豆饼 38%、麸皮 30%、次粉 10%、骨粉或贝壳粉 3%，另外添加 1‰专用多种维生素和 2%左右的黏合剂。按南美白对虾、河蟹存塘重量的 3%～5%掌握日投喂量，每天 7：00～8：00 投喂日总量的 1/3，剩下的在 15：00～16：00投喂，后期加喂一些轧碎的鲜活螺、蚬肉和切碎的南瓜、土豆，作为虾、蟹的补充料。平时混养的鲢、鳙鱼不需要单独投喂饵料。

7. 加强管理

一是水质管理，强化水质管理，整个养殖期间始终保持水质达到"肥、爽、活、嫩"的要求，在南美白对虾放养前期要注重培肥水质，适量施用一些基肥，培育小型浮游动物供南美白对虾摄食。每 15～20 天换 1 次水，每次换水 1/3。高温季节及时加水或换水，使池水透明度达30～35厘米。每20天泼洒1次生石灰水，每次每亩用生石灰10千克。

二是养殖期间要坚持每天早晚各巡塘1次，检查水质、溶氧、虾蟹吃食和活动情况，经常清除敌害。

三是加强蜕壳虾蟹的管理，通过投饲、换水等技术措施，促进河蟹和南美白对虾群体集中蜕壳。平时在虾、蟹饲料中添加一些蜕壳素、中草药等，可起到防病和促进蜕壳的作用。在大批虾蟹蜕壳时严禁干扰，蜕壳后应及时添加优质饲料，严防因饲料不足而引发虾蟹之间的相互残杀。

8. 捕捞

经过120天左右的饲养，南美白对虾长至12厘米时即可收获，采用抄网、地笼、虾拖网等工具捕大留小，水温18℃以下时放水干池捕虾。成蟹采取晚上在池埂上徒手捕捉和地笼张捕相结合，捕获的蟹及时清洗，暂养待售。

第四节　稻田养蟹

稻田养蟹是综合利用水稻、河蟹的生态特点达到稻蟹共生、相互利用，从而使稻蟹双丰收目的的一种高效立体生态农业，是动植物生产有机结合的典范，是农村种养殖立体开发的有效途径，其经济效益是单作水稻的3～5倍。

一、田间工程建设

1. 稻田的选择

养蟹稻田必须选择灌排水畅通、水质清新、地势平坦、保水保肥性能好、无污染的田块，土质以黄黏土为好，面积8～10亩为宜。

2. 水源要得到保证

这是稻田养殖河蟹的物质基础，要选择水源充足，水质良好，无污染的地方，雨季水多不漫田、旱季水少不干涸、排灌方便、无有毒污水流入。进行稻田养蟹，一般选在沿湖沿河两岸的低洼地、滩涂地或沿库下游的宜渔稻田。

3. 开挖蟹沟

这是稻田养蟹的重要技术措施，稻田因水位较浅，夏季高温对河蟹的影响较大，因此必须在稻田四周开挖环形沟，面积较大的稻田，还应开挖"田"字型、"川"字型或"井"字型的田间沟。环形沟距田间1.5米左右，环形沟上口宽3米，下口宽0.8米；田间沟沟宽1.5米，深0.5～0.8米。蟹沟既可防止水田干涸和作为烤稻田、施追肥、喷农药时河蟹的退避处，也是夏季高温时河蟹栖息隐蔽遮阳的场所，沟的总面积占稻田面积的8%～15%。

4. 加高加固田埂

抓好田块整理关，是河蟹高产高效的基本条件，为了保证养蟹稻田达到一定的水位，增加河蟹活动的立体空间，须加高加固田埂，可将开挖环形沟的泥土垒在田埂上并夯实，要求做到不裂、不漏、不垮，确保田埂高达 1.0～1.2 米，宽 1.2～1.5 米。

5. 防逃设施

防逃设施有多种，常用的有 2 种，一是安插高 55 厘米的硬质钙塑板作为防逃板，埋入田埂泥土中约 15 厘米，每隔 75～100 厘米处用木桩固定。注意四角应做成弧形，防止河蟹以叠罗汉的方式或沿夹角攀爬外逃；第二种防逃设施是采用网片和硬质塑料薄膜共同防逃，在易涝的低洼稻田主要以这种方式防逃，用高 1.2～1.5 米的密网围在稻田四周，在网上内面距顶端 10 厘米处再缝上一条宽 25～30 厘米的硬质塑料薄膜即可。

稻田开设的进排水口应用双层密网防逃，同时也能有效地防止蛙卵、野杂鱼卵及幼体进入稻田危害蜕壳蟹；同时为了防止夏天雨季冲毁堤埂，稻田应开施一个溢水口，溢水口也用双层密网过滤，防止幼河蟹乘机逃走。

6. 放养前的准备工作

及时杀灭敌害，可用鱼藤酮、茶粕、生石灰、漂白粉等药物杀灭蛙卵、克氏原螯虾、鳝、鳅及其他水生敌害和寄生虫等；种植水草，营造适宜的生存环境，在环形沟及田间沟种植沉水植物如聚草、苦草、喜旱莲子草（水花生）等，并在水面上移养漂浮水生植物如芜萍、紫背浮萍、凤眼莲等；培肥水体，调节水质，为了保证河蟹有充足的活饵供取食，可在放种苗前一个星期施有机肥，常用的有干鸡粪、猪粪，并及时调节水质，确保养蟹水质保持肥、活、嫩、爽、清。

二、水稻栽培技术

稻田养鱼后，稻田的生态条件由原来单一的植物生长群体变成了动、植物共生的复合体。因此，水稻栽培技术也应随着改进。

1. 水稻品种选择

由于各地自然条件不一，稻田养鱼的水稻品种也各有特色。但是养蟹稻田一般只种一季稻，水稻品种要选择生长期较长、分蘖力强，叶片开张角度小且茎、秆粗硬，抗病虫害、抗倒伏且耐肥性强，耐淹、株形紧凑的紧穗型品种，目前常用的品种有威优 64、威优 35、汕优系列、汕优 63、汕优 6、南优 6、武育粳系列、协优系列等杂交水稻或高产大穗常规稻。

2. 施足基肥

每亩施用农家肥 200～300 千克，尿素 10～15 千克，均匀撒在田面并用机器翻耕耙匀。

3. 秧苗移植

·秧苗一般在 5 月中旬开始移植，养蟹稻田宜提早 10
天左右。具体在栽种时要掌握以下几条要点。

一是秧苗类型以长龄壮秧，多蘖大苗栽培为主。这
样做的目的是在秧苗移栽后，可减少无效分蘖，提高分
蘖成穗率，并可减少和缩短烤田次数和时间，改善田间
小气候，减轻病虫害，从而达到稻、鱼、蟹全丰收。

二是秧苗采用壮个体、小群体的栽培方法。即在整
个水稻生长发育的全过程中，个体要壮，以提高分蘖成
穗率，群体要适中。这样可避免水稻总茎蘖数过多，叶
面系数过大，封行过早，光照不足，田中温度过高，病
害过多，易倒伏等不利因素。

三是栽插方式以宽行窄距长方形东西行密植为宜，
确保河蟹生活环境通风透气性能好。这种条栽方式，稻
丛行间透光好，光照强，日照时数多，湿度低，病虫害
轻，能有效改善田间小气候。既为鱼类创造了良好的栖
息与活动场所，也为水稻提供了优良的生长环境，有利
于提高成穗率和千粒重。早稻株行间距以 23.3 厘米×
8.3 厘米或 23.3 厘米×10 厘米为佳。晚稻如常规稻株行
间距为 20 厘米×13.3 厘米，如杂交稻株行间距为 20 厘
米×16.5 厘米为佳。水稻栽插密度应根据水稻品种、苗
情、地力、茬口等具体条件而定。例如，杂交稻中苗栽
插，通常为 2.0 万穴左右，8 万～10 万基本苗；杂交稻
大苗栽插，密度为 2.5 万～3 万穴，15 万～17 万基本苗；

常规稻采用多蘖大苗栽插，密度为 3 万穴左右，18 万基本苗。地力肥、栽插早的稻田，密度还可以适当稀一些。稻田养鱼开挖的鱼溜、鱼沟要占一定的栽插面积，为保证基本苗数，可采用行距不变，以适当缩小株距，增加穴数的方法来解决；并可在鱼沟靠外侧的田埂四周增穴、增株，栽插成篱笆状，以充分发挥和利用边际优势，增加稻谷产量。

四是稻田以施有机肥料为主，化肥为辅。要重施基肥、轻施追肥，提倡化肥基施，追肥深施和根外追肥。

三、稻田培育蟹种技术

1. 大眼幼体的选购及放养

蟹苗成活率的高低，苗种质量是关键。要选择日龄足、淡化程度好、游泳快的健壮大眼幼体。用于稻田培育蟹种的大眼幼体，一般采用常温下的人繁苗（以土池育苗为佳）或天然苗，放养时间以 5 月中下旬到 6 月上旬为宜，太早易导致性早熟，太迟培育的蟹种规格太小，失去了"育扣蟹、养大蟹、赚大钱"的优势。由于稻田育苗面积比较大，天然饵料丰富，光照条件好，植物光合作用旺盛，水体溶氧丰富，每亩可放养 1.25～1.75 千克规格为 15 万～16 万只/千克的大眼幼体，或者投放经 I 期变态后的规格为 5 万～6 万只/千克的仔幼蟹 0.75～1.25 千克。

2. 科学投饲

提高蟹苗成活率，投饵环节至关重要，初放的 10 天内一般投喂丰年虫，效果较好，也可投喂豆浆、鱼糜、红虫等鲜活适口饵料，投饵率为河蟹体重的 50% 左右，随着幼蟹生长速度的加快和变态次数的增多，投饵率逐渐下降至 10%，1 个月后，幼蟹已完成Ⅲ到Ⅴ期蜕壳，规格在 1.5 万～2 万只/千克，此时开始停喂精料，以投喂水草为主，并辅以少量的浸泡小麦，这样有利于控制性早熟；进入 9 月中旬，气温渐降，幼蟹应及时补充能量，以适应越冬之需，开始投喂精饲料，投饵率达 5%～10%，到 11 月中旬，确保幼蟹规格达到 80～150 只/千克。

3. 水质调节

幼蟹对水质尤其是溶解氧的要求比较高，初放时水深应超过田面 5～10 厘米，7～8 月份高温季节应及时补充新水，并加高水位，以控制水温，改善水质。在早稻收获后，一方面稻桩腐烂会败坏水质，另一方面水温尚处于高温季节，因此要特别注意水温的调控措施，定期泼洒生石灰浆，水源充足时，可在每天 15：00～17：00 换冲水，并使田水呈微流动状态。

4. 捕获

利用稻田培育蟹种，在捕获时可采用以下几种方法：

流水刺激捕捞法、地笼张捕法、灯光诱捕法、草把聚捕法，尤其以流水刺激和地笼张捕相结合效果最佳。在捕捉时，将地笼张捕在流水的出入口处，隔 10 米放置一条，将田水的水位缓慢下降，使蟹种全部进入蟹沟，再利用微流水刺激或水位反复升降来刺激捕捞。最后放干田水后将少部分（2%～5%）的蟹种人工挖捕。

四、扣蟹养殖成蟹技术

1. 扣蟹的鉴别与放养

扣蟹的质量优劣直接决定成蟹的养殖效益，因此正确鉴别优质扣蟹是养殖生产的关键环节。笔者总结扣蟹鉴别三步曲：首先鉴定扣蟹种源，目前市场上蟹种种质资源十分紊乱，其中以长江蟹种稳定性能好、生长速度快、成活率及回捕率高，鉴定时主要从河蟹的前额齿的尖锐程度、疣突的形状、步足的扁平程度及附肢刚毛等几个方面进行；其次是剔除伤病蟹种，虽然伤残附肢可以再生，但一方面将影响成蟹规格，更重要的是缺少附肢的蟹种，成活率明显降低，因此必须剔除肢体残缺、活动能力不强、体表有寄生虫的蟹种；最后是挑出性早熟蟹，性早熟蟹种已经没有任何养殖意义，应及时挑选并处理。早熟蟹的剔除方法主要是从大螯绒毛环生的程度、蟹脐圆与尖的比例、雌蟹卵巢轮廓的大小、雄蟹交接棒（生殖器）的硬化程度及附肢刚毛密生程度等进行筛选。

扣蟹的放养时间以 2 月中旬至 3 月上旬为主，此时温度低，河蟹活动能力及新陈代谢强度低，有利于提高运输成活率。每亩稻田宜放养规格为 120～200 只/千克的蟹种 400～600 只。

由于扣蟹放养与水稻移植有一定的时间差，因此暂养蟹种是必要的。目前常用的暂养方法有网箱暂养及田头土池暂养，由于网箱暂养时间不宜过长，否则会折断附肢且互相残杀现象严重，因此建议在田头开辟土池暂养，具体方法是蟹种放养前半个月，在稻田田头开挖一条面积占稻田面积 2％～5％的土池，用于暂养扣蟹。

2. 蟹种移养

待秧苗移植 1 周且禾苗成活返青后，可将暂养池与土池挖通，并用微流水刺激，促进扣蟹进入大田生长，通常称为稻田二级养蟹法。利用此种方法可以有效地提高河蟹成活率，也能促进河蟹适应新的生态环境。

3. 投饵管理

稻田养成蟹，一般以人工投饵为主，饵料种类较多，有天然饵料如稻田中的野草、昆虫；人工投喂饵料如野杂鱼虾；配合颗粒饲料及投喂的浮萍、水草等。日投饵量应保持在 5％～7％，饵料主要投喂在环形沟边。

4. 捕捞

稻田养蟹的捕捞时间在 10～12 月份为宜，可采用夜晚岸边捉捕法、灯光诱捕法、地笼张捕法，最后放干田水挖捕。

五、当年蟹苗养成蟹

由于当年蟹苗养殖成蟹规格小、口感差、价格低、效益不好，近年来已经逐渐被淘汰，其养殖方法及步骤如下：

1. 蟹苗的培育

主要是选购大眼幼体进行温棚强化培育成Ⅳ～Ⅴ期幼蟹，关键技术是做好"双控"工作：一是抓好控温保温措施，采用双层塑料薄膜保温，使培育期的温度保持在 20～22℃；二是做好饵料的调控工作，刚变态时饵料宜少而精，只占蟹苗体重的 15%～20%，不能多喂，否则易腐败水质，进入Ⅰ期变态后投饵率可上升至 150%～100%。另外水质的调控、氧气的充足、水草的保证、天敌的清除也要抓好。购苗时间宜在 3 月中下旬，过早成活率太低，影响效益，过晚当年养成的河蟹规格太小，没有市场。

2. 蟹苗的移养

通常在 5 月上中旬即可将Ⅴ期幼蟹移养到大田中强化饲养。由于幼蟹娇嫩，起捕时要小心操作，可采用草把聚捕与微流水刺激相结合的方法，经过多次捕捞后可以起捕 95% 左右的幼蟹。

3. 强化培育

这是幼蟹进入大田后生长的关键时期，要加强饵料的供应，确保质量尤其是蛋白质含量要充足，田内水草要丰富，水质要清新。

4. 收获

收获时间在 10～12 月份为宜，方法与扣蟹养殖成蟹的捕捞方法一样。由于受市场冲击较大，建议这种小规格的河蟹起捕后最好在专池中暂养，待价而沽。

六、管理措施

1. 水位调节

水位调节，是稻田养蟹过程中的重要一环，应以稻为主，前期水位宜浅，保持在 10 厘米左右；后期宜深，保持在 20～25 厘米。在水稻有效分蘖期采取浅灌，保证水稻的正常生长；进入水稻无效分蘖期，水深可调节到 20 厘米，既增加河蟹的活动空间，又促进水稻的增产，夏季每隔 3～5 天换冲水 1 次，每次换水量为田间水位的 1/4～1/3。

2. 施肥

养蟹稻田一般以施基肥和腐熟的农家肥为主，促进水稻稳定生长，保持中期不脱力，后期不早衰，群体易控制，每亩施农家肥 300 千克，尿素 20 千克，过磷酸钙 20～25 千克，硫酸钾 5 千克。放蟹后一般不施追肥，以免降低田中水体溶解氧，影响河蟹特别是蟹种的正常生长。如果发现脱肥，可少量追施尿素，每亩不超过 5 千克。施肥的方法是：先排浅田水，让蟹集中到蟹沟中再施肥，有助于肥料迅速沉积于底泥中并为田泥和禾苗吸收，随即加深田水到正常深度；也可采取少量多次、分片撒肥或根外施肥的方法。

3. 施药

稻田养蟹特别是成蟹养殖能有效地抑制杂草生长；河蟹摄食昆虫，降低病虫害，所以要尽量减少除草剂及农药的施用。在插秧前用高效、低毒农药封闭除草，蟹种入池后，若再发生草荒，可人工拨除。如果确因稻田病害或蟹病严重需要用药时，应掌握以下几个关键：①科学诊断，对症下药；②选择高效低毒低残留农药；③由于河蟹是甲壳类动物，也是无血动物，对含膦药物、菊酯类、拟菊酯类药物特别敏感，因此慎用敌百虫、甲胺膦等药物，禁用敌杀死等药；④喷洒农药时，一般应加深田水，降低药物浓度，减少药害，也可放干田水再用药，待 8 小时后立即上水至正常水位；⑤粉剂药物应在早晨露水未干时喷施，水剂和乳剂药应在下午喷洒；⑥降水速度要缓，等河蟹爬进蟹沟后再施药；⑦可采取分片分批的用药方法，即先施稻田一半，过 2 天再施另一半，同时尽量要避免农药直接落入水中，保证河蟹的安全。

4. 晒田

水稻生长过程中必须晒田，以促进水稻根系的生长发育，控制无效分蘖，防止倒伏，夺取高产。农谚对水稻用水进行了科学的总结，那就是"浅水栽秧、深水活棵、薄水分蘖、脱水晒田、复水长粗、厚水抽穗、湿润灌浆、干干湿湿。"因此有经验的老农常常会采用晒田的方法来抑制无效分蘖，这时的水位很浅，对养殖河蟹是非常不利的，因此，要做好稻田的水位调控工作是非常有必要的，生产实践中我们总结一条经验，那就是"平时水沿堤，晒田水位低，沟溜起作用，晒田不伤蟹"。解决河蟹与水稻晒田矛盾的措施是：缓慢降低水位至田面以下 5 厘米处，轻烤快晒，2～3 天后即可恢复正常水位。

5. 病害

河蟹的病害采取"预防为主"的科学防病措施。常见的敌害有水蛇、老鼠、黄鳝、泥鳅、克氏原螯虾、水鸟等，应及时采取有效措施驱逐或诱灭之；在放养蟹种初期，稻株茎叶不茂，田间水面空隙较大，此时幼蟹个体也较小，活动能力较弱，逃避敌害的能力较差，容易被敌害侵袭，同时，河蟹每隔一段时间需要蜕壳生长，在蜕壳或刚蜕壳时，最容易成为敌害的适口饵料。蟹病主要有抖抖病、蜕壳不遂、黑鳃、烂鳃、腹水、肠炎等病，预防措施主要有：勤换水，保持水质清新；多种水草，模拟天然环境；科学投饵，增强体质等。一旦发病治疗时，要对症下药，科学用药，及时用药。

6. 收获

稻谷收获一般采取收谷留桩的办法，然后将水位提高至 40～50 厘米，并适当施肥，促进稻桩返青，为河蟹提供避阴场所及天然饵料来源，成蟹收获宜在 11 月前后，蟹种收获在春节前后进行。

第五节　湖泊网围养蟹

一、湖泊的选择

在湖泊中养殖河蟹，在国外早已有之，方法也很简单，但它对湖泊的类型有要求，一是要草型湖泊，二是要浅水型湖泊。对那些又深又阔或者是过水性湖泊，则不宜养殖河蟹。

草型湖泊网围养河蟹是由网围养鱼发展而来的，这种形式与畜牧业上圈养形式相似，它是介于野生自然增殖、捕捞和人工半精养相结合的优点，目前在长江中下游地区的草型湖泊发展十分迅速。

二、网围地点的选择

湖泊网围养蟹应具备以下条件：

1. 环境比较安静的湖湾地区，水位相对稳定，水域开阔，水质良好，湖底平坦、风浪较小、水流缓慢通畅。

2. 湖岸线较长，坡底较平缓，水深适宜，常年水位1～1.5米，水位落差小。

3. 湖底平坦，底质为黏土、硬泥，淤泥有机质少。

4. 要求周围水草和螺蚬等天然饵料资源丰富，敌害生物少，网围区内水草的覆盖率在50%以上，并选择一部分苶草、蒲草地段作为河蟹的隐蔽场所。

5. 不影响周围农田灌溉、蓄水、排洪、船只航行，避免在河流的进出水口和水运交通频繁地段选点，环境安静，交通便利。

但是要注意水草的覆盖率不要超过70%，生产实践证明，水浅草多尤其是蒿草、芦苇、蒲草等挺水植物过密，水流不畅的湖湾岸滩浅水区，夏秋季节水草大量腐烂，水质变臭（渔民称酱油水、蒿黄水），分解出大量的硫化氢、氨、甲烷等有毒物质和气体，有机耗氧量增加，造成局部缺氧，引起养殖鱼类、河蟹的大批死亡，这样的地方不宜养殖河蟹。

三、网围设施

网围设施由栏网、石笼、竹桩、防逃网等部分组成。栏网用网目2厘米，3×3聚乙烯网片制作，用毛竹作桩。网高2米，装有上下纲绳，上纲固定在竹桩上，下纲连接直径12～15厘米的石笼，石笼内装小石子，每米5千克，踩入泥中。竹桩的毛竹长度要求在3米以上，围绕圈定的网围区范围，每隔2～3米插一根竹桩，要垂直向下插入泥中 0.8 米，作为栏网的支柱。防逃网连接在栏网的上纲，与栏网向下成 45°夹角，并用纲绳向内拉紧撑起，以防止河蟹攀网外逃。为了检查河蟹是否外逃，可以在网围区的外侧下一圈地笼。一般网围面积为 30～100 亩，最大不超过 1000 亩。

网围区的形状以圆形、椭圆形、圆角长方形为最好，因为这种形状抗风能力较强，有利于水体交换，减少河蟹在拐角处挖坑打洞和水草等漂浮物的堆积。每一个网围区的面积以 10～50 亩为宜。

四、除野

乌鱼、鲶鱼、蛇等鱼类是河蟹的天敌，必须严格加以清除。因此，在下栏网前一定要用各种捕捞工具，密集驱赶野杂鱼类。最好还要用石灰水、巴豆等清塘药物进行泼洒，然后放网并把底纲的石笼踩实。

五、种植水草，保护水草资源

湖泊和网围内水草的多少不仅直接影响河蟹的数量、规格和品质，而且关系到网围养蟹能否走上可持续发展的关键措施。渔谚有："蟹大小、看水草，蟹多少、看水草"是十分形象化的比喻。为保护湖泊的水草资源，一方面务必保护好围网外的水草，做到合理开发利用；另一方面，必须在网围内种植水草。

六、蟹种放养

网围养蟹的形式多种多样，基本上是以鱼蟹混养为主。蟹种以 3 月份水温在 10℃左右放养最好。此时气温低，运输成活率高，放养规格为 80～120 只/千克的越冬蟹种。通常每平方米水面放养 2～2.5 只蟹种。网围养蟹一般都采用鱼蟹混养。鱼种放养仍按常规进行，但放养结构上应减少一部分草食性鱼类，增放一部分鲫鱼和鲢、鳙鱼，以缓解鱼蟹的食饵竞争。

七、饲养管理

1. 合理投喂

在湖泊网围养蟹的范围内，水草和螺蚬资源相当丰富，可以满足河蟹摄食和栖居的需要。我们经过调查发现，在水草种群比较丰富的条件下，河蟹摄食水草有明显的选择性，爱吃沉水植物中的伊乐藻、菹草、轮叶黑藻、金鱼藻，不吃聚草，苦草也仅吃根部。因此，要及时补充一些河蟹爱吃的水草。

在蟹、鱼生长季节，应坚持每天投饵，白天喂鱼，夜间喂蟹。并应移殖一部分螺蚬和抱卵虾，让其在网围内自然繁殖，为河蟹提供动物性饵料。投饵应坚持"四定"投喂原则。饵料搭配在 3～5 月份以植物性饵料为主，6～8 月份以动物性饵料为主，如小杂鱼、螺蚬类、蚌肉等，9 月份为促肥长膘，应加大动物性饵料的投喂量。

2. 定期检查

在日常管理中，每日早晚各巡网 1 次。检查网围是否坚固，网围区防逃设施是否完好，如有损坏应及时维修，确保安全。并要定期检查河蟹的摄食、蜕壳、生长情况，及时清除腐烂变质的残饵和网片中的污物。7～8月份是洪涝汛期和台风多发季节，要加固竹桩，备好防逃网片，随时清除网片上的水草等污物，保持网片内外水流通畅，严防鱼蟹逃逸。

3. 水草管理

要把漂浮到栏网附近的水草及时捞掉，以利水体交换。如果发现网围区内水草过密，则要用刀割去一部分水草，形成 3～5 米的通道，每个通道的间距 20～30 米，以利水体交换。为了改善网围区内的水质条件，在高温季节，每半月左右时间用生石灰水泼洒 1 次，每亩水面 20 千克左右。

4. 病害预防

围网养殖由于水体是流动的，生态环境条件较好，在养殖中病害较少。只要在放养时的操作注意不要让蟹体受伤，严格消毒就够了。

5. 适时捕捞

湖泊网围养蟹，由于环境条件优越，生长比池塘快，性成熟也比池塘早，因此其生殖洄游开始也早。在长江中下游，一般9月中旬全部变成绿蟹。因此，通常在9月下旬开始捕捞。捕捞工具主要有蟹簖、人工蟹穴、地笼网、丝网等。捕出后的成蟹应放入暂养池暂养1～2个月后，再行销售。

第六节　滩涂低坝高栏养蟹

一、低坝高栏的养殖优势

对于一些过水性湖泊，在枯水季节，水位高程不足5米，沿湖滩涂荒芜严重；在夏季大水季节，水位高程可达7米左右。这种大起大落的水位不利于养殖业的发展，尤其是围栏网养蟹受冲击最大；浅水时，养蟹面积较小、水质易变坏；大水时，要么冲毁栏网，要么河蟹长时间浸泡在深水中溺死。采用低坝高栏后，枯水季节可以有效地蓄积水位，确保养殖生产的顺利进行，大水季节又不影响泄洪，具有不占用耕地、不受水位影响、投资低、效益高的优点。

二、地点选择

低坝高栏宜选择在湖区边缘，要求底质平坦、水草好、螺蚬丰富，远离主航道，水质清新无污染的地方，特别是要注意选择的水域淤泥不能过多，在20厘米以下为佳，底部淤泥过多，会造成水质富营养化，低坝高栏面积较大，换水较难，容易诱发水质恶化；淤泥中含有细菌、寄生虫及其卵茧较多，会引起河蟹断肢病、黑鳃病、抖抖病的发生与蔓延，造成损失；同时淤泥较厚，成蟹品质较差，体黑、毛黑、鳃瓣黑，肉质松味道差水分多，泥腥味浓，既不好吃，又不好看，影响售价。

三、工程建设

低坝高栏面积一般以 80～150 亩/池为多，利用挖泥船开挖并修筑加固堤坝，堤埂高程不超过 7 米，池内可蓄积正常水位 1.5 米左右。

四、防逃设施

防逃设施得当，是决定养蟹成功的关键环节。由于湖区风浪大，不宜采用网片上缝塑料薄膜或钙塑板，更不宜在堤埂上直接安装钙塑板。防逃设施主要采用网目为 30 目的无结节网片，网片顶端布设一夹角成 60°的倒网，沿倒网顶端再下垂 50 厘米尼龙网防逃，河蟹即使爬上网片顶端，最终会在尼龙网上荡秋千而跌落水中，不致于攀越网外而逃逸，网脚采用石龙埋入堤埂上，每隔 2 米用毛竹固定，网高 2.5 米，确保整个蟹池最高防逃水位高达 9.0 米，可有效地防止洪水来临时溢水逃蟹。为了减轻风浪的危害，在防逃网外侧 3 米处设置一道高 2.5 的抗风浪的栏网。

五、除野

蟹种放养前严格做好除野工作。若是在枯水季节开挖的低坝高栏养殖池，所剩水量不多，只须用机器排干后，每亩泼洒生石灰 75～100 千克彻底清塘，以杀灭乌鳢、鳜鱼、泥鳅、黄鳝、克氏原螯虾等凶猛鱼类及青蛙、蛇等敌害生物；若建成时，水位较深，采用电捕可以干净地除野，也可用网捕、笼捕等多种捕捞结合的方式除野。

六、水草养护及隐蔽物设置

若修建的低坝高栏池内水草丰富，只需蓄水进行精心养护；若池内无水草，应积极种植优质水草。水草既可就近从湖区中移植，也可人工栽种苦草、黄丝草、金鱼藻或捞取紫背浮萍、水葫芦，确保水草覆盖率达60％～70％。丰富的水草既可供河蟹摄食，又可诱集水生动物等动物性饵料，同时可作为河蟹蜕壳、栖息的场所，还具有澄清水质、净化水体的作用；如果水草确实培植困难，将破网废簖设置在水体中，可为河蟹的栖息隐藏起重要作用。

七、蟹种配养鱼投放

1. 蟹种放养

放养蟹种一般在 3 月份前一次性投足扣蟹，放养的蟹种要求规格整齐、平均规格达 120 只/千克，体质健壮、无病无伤，每亩投放苗种密度为 400 只/亩。放养前用药物进行蟹体药浴消毒，一般可用 5%的食盐水溶液浸洗5分钟或用 15 毫克/升的福尔马林溶液浸洗 15 分钟后再下池。

2. 配养种类及投放

根据河蟹的食性及养殖状况，主要套养花白鲢和抱卵青虾，以充分利用空间。花白鲢可以摄食水中浮游生物，适当控制水质，青虾既可以摄食河蟹残饵，净化水体，又能为河蟹提供丰富的动物性饵料。投放量为规格达到 250 克/尾的花白鲢 40 尾/亩，抱卵青虾 1.5 千克。

八、科学投喂

1. 饲料的种类

饲料的种类主要有植物性饲料、动物性饲料及全价配合饲料。植物性饲料有优质水草、瓜果谷实类、饼渣类；动物性饲料有螺、蚬、鱼粉、野杂鱼及屠宰下脚料等；配合饲料以全价配合膨化颗粒饲料为佳，要求质量新鲜，大小适口，蛋白质含量在 30%～35%，在水中保形 8～12 小时为宜。

2. 饵料投喂

科学投饵注重定时、定位、定质、定量、定人的

"五定"投饵方法，河蟹长期投饵采取"中间粗、两头精"的原则。3月中旬，每亩投放 200 千克的螺蛳，任其自繁自长，作为河蟹的优质饵料；在放养前期和 8 月下旬以后的育肥季节，多投喂鱼虾螺贝类精料，也可投喂部分颗粒料，要求质量新鲜，大小适口，蛋白质含量为 30%～35%，在水中保形 8～12 小时为宜；6～8 月份高温季节，是河蟹大生长期，则以水草、浮萍、瓜果谷实类为主，一般日投量占河蟹总体重的 6%～10%。具体投饵量采用"试差法"，以第二天上午 9 时吃完为度。

九、日常管理

1. 水质调控

枯水季节，及时加注新水，确保正常水位在 1 米以上，防止水质过肥，水质恶化时要及时换冲水；洪水季节及时投放大量水花生，使河蟹攀爬到水花生上，防止沉入水底而溺死。

2. 防病

河蟹疾病预防治应遵循"无病早防、有病早治、防治兼施、防重于治"的指导思想。首先是挑选健康无病无伤的蟹种放养，最好以长江蟹种为佳；第二是蟹种入池时进行药浴消毒，以杀灭体外寄生虫及外来病原菌；第三是在 6～9 月份高温季节，每隔 20 天左右，每亩用 7.5～10 千克的生石灰化浆后趁热全池泼洒；第四发现病蟹、死蟹及时捞出，分析病情，找出病因，做到对症下药，辨症施治；第五是强化生态防治疾病的观念：多种水草、营造环境；营养合理、科学投饵；水质清新、进排水实行两套渠道。

3. 捕捞

在霜降前后，水温在 10℃时要及时起捕，若放养辽蟹，应在阳历 7 月 20 日开捕，主要捕捉工具有蟹笼、蟹簖，最后干池捉捕。

第七节　芦苇滩地养蟹

在渔业生产上，把利用生长芦苇的荒地和一些没有生产粮食可能的滩地进行养殖河蟹的做法，称为芦苇滩地养蟹。

在 20 世纪 50 年代中后期，当时为了战备的需要，我国的许多地方都对湖区进行了围湖造田、围湖开荒等，在当时的条件下，确实为我国的粮食生产起到了一定的作用，随着人们对生态环境的日益重视，加上湖区的粮食单价较低，受水涝影响较重，因此到了 80 年代，这些湖区渐渐地出现了退耕还田的潮流，由于缺少人为的管理，这些地方平时全部长满了芦苇等挺水植物，到了洪水季节又是一片汪洋的局面。利用这些芦苇滩地进行合理开发，养殖河蟹是一种很不错的选择。

一、芦苇滩地养殖河蟹的优势

利用芦苇滩地养殖河蟹，还是有它自身的一些优势的。

一是承包费用较低，与现在许多精养蟹塘动辄六七百元一亩的承包费用相比，芦苇滩地的承包费用低得让人难以相信，几乎是白送给你养殖。据了解，在许多湖区的芦苇滩地在承包时几乎没有人愿意承包，认为这是在与天斗，与洪水和干旱斗，因此承包的价格也低，有的每亩仅几元钱，正常的承包费用是每亩十几至四十元，这样的低价可以为养殖者省去一大笔的经营开支。

二是芦苇滩地多分布在中型湖泊的下游地区，附近水源充足，面积较大，可采用自然增殖和人工养殖相结合，减少人为投入。

三是芦苇滩地有养蟹的独特优势，就是遍地芦苇，芦苇耐干旱也耐水渍，因此在建好养蟹池后，里面的芦苇不必清除，可以起到水草的作用，为河蟹提供隐蔽、蜕壳和栖息的场所，所以省去了人工栽培水草所需要的一大笔费用。

四是芦苇滩地的水较浅，水体易交换，溶氧足，而且底栖生物较多，有利于螺、蚬、贝等河蟹喜爱的饵料生长，因此河蟹的天然饵料资源可以得到很好的培育，有利于河蟹的快速生长。

二、芦苇滩地选择与改造

1. 选择合适的地方进行养殖

河蟹养殖需要人为照顾，需要及时将成蟹运输出去，因此建议选择靠近路边和便于筑堤的芦苇滩地处开挖蟹塘。在做成池塘时最好要求所选择的地方空旷，如果是呈"锅底"型即周围略高、中间略凹就更好了。

另外，还要考虑水源和水质的问题，由于芦苇滩地是靠近湖泊的，应该说在夏季的洪水季节经常被洪水淹没，因此在养蟹时就要考虑一旦遇到洪水等特殊情况时，能及时将蟹池里的余水排出去，而在干旱时又能及时将湖泊里的水提进池塘里。芦苇滩地里的芦苇要丰富、底栖生物及小鱼虾饵料资源也要多。

2. 面积的选择

利用芦苇滩地养殖河蟹，对养殖面积是有要求的。一方面这些地方没有承包，可以任由你自己投资，几十亩、一两百亩甚至上千亩都可以。但是我们建议一块养殖地还是以 60~80 亩为宜，如果资金比较充足，生产技术也有保障的话，可以连片发展几十个这样的养蟹池。

一般情况下，养殖面积越大，养成的商品蟹规格和质量也越好，单位面积的成本也越低，但是面积太大时，精养水平也低了，产量也难以提高。如果养殖面积越小，规格和质量也越差，养殖成本也提高了。所以合适的面积是提高河蟹养殖效益的重要保证。

3. 芦苇滩地的改造

一是在将要养蟹的芦苇滩地四周挖沟围堤，沟宽 3～5 米，深 0.5～0.8 米，在芦苇中间区域开挖"井"、"日"、"目"、"田"字形等蟹沟蟹溜，这些沟溜宽 1.5～2.5 米，深 0.4～0.6 米，将这些开挖的泥用来做堤埂，确保堤高 2 米以上，保证在洪水季节不能被淹没，堤埂顶部宽 2 米。

二是做好芦苇的保护工作，在没有进行作业的地方，不要破坏或焚烧芦苇，对一些没有芦苇的地带和开挖的周边沟和蟹溜，一定要栽些伊乐藻、轮叶黑藻、聚草等沉水植物，保持原有的和新栽的草覆盖芦苇滩地面积的 80% 左右，以保证河蟹生长、发育时的即时利用。

三是要建好进排水系统，对每个芦苇池塘都要建立独立的进排水口，在进排水口处用 80 目的筛绢包好，对于一些连片的池塘还要建控制闸和排水涵洞，以控制水位。

四是要建好防逃设施，由于芦苇滩地可能会受到洪涝的影响，因此在防逃时可以采用专用的防逃网，和湖泊围网很相似，将这些防逃网掩埋在堤埂上，入土 30 厘米。选取长度为 2.5 米以上的木桩或毛竹，削掉毛刺，打入泥土中的一端削成锥形，或锯成斜口，沿池埂将桩打入土中 50～60 厘米，桩间距 3 米左右，并使桩与桩之间呈直线排列，防逃网就依附在这些桩上，拐角处呈圆弧形。然后在网上部距顶端 10 厘米处再缝上一条宽 25 厘米的硬质塑料薄膜即可，这种防逃设施很有效，除了防止河蟹逃跑，还能阻拦老鼠、蛇等敌害生物入侵。

三、清除敌害

芦苇滩地中敌害较多，最常见的有青蛙、蟾蜍、老鼠、龙虾、蛇、刺猬等，另外，由于靠近湖区，各种水鸟也非常多，这些水鸟也会捕食那些正在蜕壳的河蟹。对这些敌害，要及时进行清除或驱赶。

首先是做好人为预防工作，防患于未然，在池塘的进、排水管口处用金属或聚乙烯密眼网包扎，防止敌害生物的卵、幼体、成体进入草荡。

其次是在蟹种放养前一个月，采用电捕、地笼和网捕，反复几次，尽可能地除去这些敌害。

再次是在池塘兴建好后，要用药物彻底清塘 1 次，可用漂白粉、生石灰、茶粕等消毒杀菌，具体方法同前文。

最后就是在除害时不要违反法律规定，这表现在对一些水鸟的处理上，不要轻易毒杀它们，也不可捕捉它们，可用稻草人来恐吓它们或用鞭炮来吓飞它们。

四、蟹种放养

放养蟹种一般在 3 月前一次性投足扣蟹，放养的扣蟹要求规格整齐、体质健壮、无病无伤，平均规格达 40 只/千克，每亩投放苗种密度为 400～450 只/亩。放养前用药物进行蟹体药浴消毒，一般可用5‰的食盐水溶液浸洗5分钟或用15毫克/升的福尔马林溶液浸洗15分钟后再下池。

五、科学投饵

在利用芦苇滩地养殖河蟹时，以天然饵料、植物饵料为主，适当投喂些精料，人工投饵时一般每天1次，投饵时间在16：00为主，前期以天然饵料和小杂草为主，后期以精饲料为主，主要有豆饼、配合饲料、野杂鱼、螺蚬等。为了便于检查河蟹的吃食情况，可在池塘里设置饵料台，一般每亩可设5个饵料台。

六、饲养管理

1. 水质管理

在进行芦苇滩地养殖河蟹时，一般情况下水质是能保持较好，但一定要注意池塘里的水草和芦苇大量死亡、腐败后导致的水质变坏，尤其是每年秋季更为严重。这时的处理方法就是及时除掉烂草，捡去漂浮的芦苇。

2. 加强注水

在河蟹养殖时，为了河蟹蜕壳和保持蜕壳的坚硬和色泽，要定期换注新水，使水体的溶氧保持在5毫克/升以上，透明度要达到35～50厘米。注水次数和注水量依草荡面积、河蟹的活动情况和季节、气候、水质变化情况而定。

3. 蜕壳期管理

在河蟹蜕壳期保持环境稳定，增投动物性饲料。在河蟹大批蜕壳前用生石灰全荡泼洒，用量为每亩 20 千克，水草不足时适时增设水草草把，以利河蟹附着蜕壳。

七、捕捉

在河蟹养殖成熟后就可以及时捕捉，由于芦苇滩地的池塘面积较大，因此可以先用地笼进行诱捕河蟹，然后在晚上同时用灯光照捕，最后是干塘捕捉。

第八节　草荡养河蟹

在渔业生产上，把利用柴草滩、低洼地养河蟹的做法统称为草荡养蟹。我国的草荡资源非常丰富，尤其是长江中下游地区，草荡资源更是丰富。我国草荡养蟹的试点是从 1986 年开始的，由于养殖效益显著，因而发展很快，已经成为我国开发利用大水面资源的一种有效途径。

一、草荡养殖河蟹的优势

1. 草荡养蟹的资源丰富

草荡养蟹可以充分利用大水面优越的自然条件和丰

富的天然饵料，具有省工、省饵、投资少、成本低、收益高的优点。

2. 养殖方式多样化

草荡养蟹类型多种多样，有的专门养殖河蟹，有的进行鱼、蟹混养，蟹、蚌混养，有的进行鱼、虾、蟹、鳖、蚌综合养殖，也可以和水生植物共生，可以综合利用水体。

3. 可以综合发展

通过草荡养蟹，可以实现规模经营，建立产加销、渔工商一体化经营，能充分发挥草荡的综合效益和规模效益。

4. 草荡养蟹的自身优势

草荡的生态条件虽较为复杂，但它具有养殖河蟹的一些优势：一是草荡多分布在江河中下游和湖泊水库，附近水源充足的旷野里，面积较大，可采用自然增殖和人工养殖相结合，减少人为投入；二是草荡中多生长着许多杂草；三是水温较高，水较浅，水体易交换，溶氧足；四是底栖生物较多，有利于螺、蚬、贝等河蟹喜爱的饵料生长。

草荡养蟹虽然具有水质条件优越、天然饵料丰富的优点，但同时也存在水面较大、环境复杂、敌害较多、管理困难的缺点。因此，在养殖过程中要做到趋利避害，促进河蟹的生长。

二、草荡的选择

并不是所有的草荡都能适宜养殖河蟹的，一定要选择交通方便、水源充沛、水质无污染、便于排灌、沉水植物较多、底栖生物及小鱼虾饵料资源丰富、有堤或便于筑堤、能避洪涝和干旱之害的地方。另外还要求草荡水位相对稳定且易控制，进出水口较少，特别是封闭式的草荡更佳，这样可以减少防逃设施建设，提高回捕率和产量。

三、草荡的改造

选定养蟹或鱼蟹混养的草荡后，要按照鱼蟹自身的生长规律及对生长环境条件的要求，搞好基础设施建设。

一是选好地址，将要养蟹的草荡选择好，在四周挖沟围堤，沟宽 3～5 米，深 0.5～0.8 米。

二是基础建设，在荡区开挖"井"、"田"形鱼道，宽 1.5～2.5 米，深 0.4～0.6 米。

三是多设供河蟹打洞的地方，可以在草荡中央挖些小塘坑与鱼道连通，每坑面积 200 平方米。用鱼道、塘坑挖出的土顺手筑成小埂，埂宽 50 厘米即可，长度不限。

四是对草荡区内无草地带栽伊乐藻等沉水植物，保持原有的和新栽的草覆盖荡面 45% 左右。

五是要建好进排水系统，对大的草荡还要建控制闸和排水涵洞，做到灌得进、排得出，水位易控制，水质易保持良好状态。而排水闸又要和秋冬季河蟹的捕捞相结合，闸门上可安装捕蟹网，以便放水捉蟹。

六是要建好防逃设施，采用麻布网片或尼龙网片或有机纱窗和硬质塑料薄膜共同防逃，用高50厘米的有机纱窗围在池埂四周，用质量好的直径为4～5毫米的聚乙烯绳作为上纲，缝在网布的上缘，缝制时纲绳必须拉紧，针线从纲绳中穿过。然后选取长度为1.5～1.8米木桩或毛竹，削掉毛刺，打入泥土中的一端削成锥形，或锯成斜口，沿池埂将桩打入土中50～60厘米，桩间距3米左右，并使桩与桩之间呈直线排列，池塘拐角处呈圆弧形。将网的上纲固定在木桩上，使网高保持不低于40厘米，然后在网上部距顶端10厘米处再缝上一条宽25厘米的硬质塑料薄膜即可，针距以小蟹逃不出为准，针线拉紧，防止河蟹逃跑和老鼠、蛇等敌害生物入侵。

四、清除敌害

草荡中敌害较多，如凶猛鱼类、青蛙、蟾蜍、水老鼠、水蛇等。在蟹种刚放入和蜕壳时，抵抗力很弱，极易受害，要及时清除敌害。进、排水管口要用金属或聚乙烯密眼网包扎，防止敌害生物的卵、幼体、成体进入草荡。在蟹种放养前15天，选择风平浪静的天气，采用电捕、地笼和网捕除野。用几台功率较大电捕鱼器并排前行，来回几次，清捕野杂鱼及肉食性鱼类。药物清塘一般采用漂白粉，每亩用量7.5千克，沿荡区中心泼洒。

要经常捕捉敌害鱼类、青蛙、蟾蜍。对鼠类可在调墨油黏剂板上放诱饵，诱粘住它们然后进行捕捉。

五、蟹种放养

由于草荡里的天然饵料比较丰富，水域环境条件较好，河蟹的生长速度快、群体增重、个体增重倍数均较大，因此蟹种的放养规格要适当，密度也不宜过多，否则将影响商品蟹的规格和产量。

蟹种放养时要掌握科学的放养时间，做到适时放养。通常应在结冻之前和解冻之后进行，寒冷的冬季特别是结冰的天气，一般不宜放养，以免蟹种遭冻伤，影响放养的成活率。所以放养蟹种以冬放或春放为主，最迟也要在 3 月底前一次性投足扣蟹，放养的蟹种要求规格整齐、平均规格达 120 只/千克，体质健壮、无病无伤，最好是长江水系的河蟹，每亩投放苗种密度为 300 只/亩。放养前用药物进行蟹体药浴消毒，一般可用 5%的食盐水溶液浸洗 5 分钟或用 15 毫克/升的福尔马林溶液浸洗 15 分钟后再下池。

在放养时，要将蟹种放在蟹沟的水位相对较深的地方，可将蟹种放在船上，一边行船一边放养，尽可能地放均匀一些，范围更大一些。

六、饲养管理

1. 饵料投喂

面积较大的草荡以粗养或鱼蟹混养为主，它的饵料也以天然饵料为主,适当投喂些精料和山芋丝;草荡面积较小的则以人工投喂饵料为主,要求做到"四定",即:定时,每天投饵两次;大约在 9:00 和 16:00。定质,投喂的饵料新鲜无霉变投喂的品种主要有豆饼、配合饲料、浮萍、野杂鱼、螺蚬等。定位,在鱼道沟边每隔 20 米搭食台 1 个。定量,每日投饵量根据天气、水温和上一次的吃食情况而定。

2. 水质管理

草荡养蟹要注意草多腐烂造成的水质恶化,每年秋季较为严重,应及时除掉烂草,并注新水,水体溶氧要在 5 毫克/升以上,透明度要达到 35~50 厘米。注新水应在早晨进行,不能在晚上,以防河蟹逃逸。注水次数和注水量依草荡面积、河蟹的活动情况和季节、气候、水质变化情况而定。为有利于河蟹蜕壳和保持蜕壳的坚硬和色泽,在河蟹大批蜕壳前用生石灰全荡泼洒,用量为每亩 20 千克。

3. 蜕壳期管理

在河蟹蜕壳期,应保持环境稳定,增投动物性饲料。水草不足时要适时增设水草草把,以利河蟹附着蜕壳。

第九节　河沟养殖河蟹

河沟这种水体在我国许多地方大量存在,由于种种原因，一些水沟可能在较长的时间内都被闲置着，如果对这些河沟进行适当的开发，用来养殖河蟹，只要管理得当，就会有较好的收益。

一、河沟养蟹的类型

我们见到的河沟有两种类型，一种是非常大而且非常深的河沟，例如珠江、长江、瓯江等河流就是这种类型。对于这一种范围非常宽大，对特定地区的水资源调控有着非常重要的意义，这些水体是不可能承包给个人从事河蟹养殖的，一般是由国家或地方出面进行投资，它的主要方式是以投放蟹苗为主，有增殖资源的含义在里面，这种方式当然不是本文所要讨论的范畴。

另一种就是在一些小型河沟里进行养蟹，这种河流的流域较小，面积也较小，一般是在几十亩至几百亩之间。由于这些河沟都是地方属性的，可以承包给个人发展水产养殖，因此适合个人承包或几个人联合承包，共同发展河蟹养殖，这种河沟的养殖特点是以放养大规格的扣蟹为主，可采用鱼蟹混养的方式进行，与中小型湖泊养蟹的方式很近似，这也是本书所介绍的且易于掌握的养蟹方式。

二、防逃设施

在一些水草丰富的小型湖泊中，只要条件适宜，就是在没有防逃设施的情况下，河蟹的外逃现象也非常少，在河沟中也是一样的，许多地方的生产实践已经表明，只要在适宜的环境中，比如在河沟水位稳定、水草丰盛、螺蚬丰富等条件下，河蟹一般是很少逃跑的，因此在环境条件非常好时，就可以不另外设置防逃设施了。但是在河沟养殖时，由于受外界因素的影响比较大，难免会遇到一些特殊情况，例如河沟里水草非常少、水流较大导致水位不稳定而且水质浑浊、透明度低、放养不合理如放养量大且混养的鱼类多等情况时，河蟹的逃跑现象就非常严重，成蟹的回捕率也非常低，这时就需要适当增设防逃设施。

在河沟里设置防逃设施，一般有两种方式，各地可根据具体情况和成本核算采取最有效最合算的方式进行。第一种是参考池塘养殖，要么修建砖砌防逃墙，要么用硬质塑料板建成防逃墙；还有一种就是参考湖泊养蟹用的围网，在最适宜养殖的区域内用栏网、石笼、竹桩、防逃网等组成一个网栏区域，这个网围区的形状以圆形、椭圆形、圆角长方形为最好，因为这种形状抗风能力较强，有利于水体交换，减少河蟹在拐角处挖坑打洞和水草等漂浮物的堆积。在区域里进行河蟹的养殖，而在其他地区进行鱼种的放养。这种防逃设置要求在栏网的顶部缝制防逃网，并用纲绳向内拉紧撑起，与栏网向下成45°夹角，以防止河蟹攀网外逃。

三、扣蟹的投放

在蟹种投放前要进行河沟的清野，可考虑用电捕工具将需要养殖的区域的野杂鱼如黄鳝、青鱼、鲇鱼、乌鳢等有害的野杂鱼清除。

在河沟里养蟹时，应投放大规格的扣蟹，这是因为河蟹的苗种大，它对外界环境的适应能力强，防御敌害的能力也强，更关键的是在秋季河蟹生理性逃跑之前，可以大量起捕上市，从而获得极高的利润。

在河沟内养殖河蟹时，扣蟹的投放量要根据河沟的面积、水质条件、水草资源、投资大小以及蟹种来源的难易度而灵活掌握。由于河沟是一种自然资源，一旦水体的资源被彻底破坏后，它的自我恢复能力是很弱的，因此我们在投放扣蟹时，一定要考虑河蟹对河沟野生资源的合理利用程度。最显著的例子就是河蟹主要是以底栖动物如螺和水草为食的，尤其是对水草的根系破坏性极大，如果投放密度过高，加上饵料跟不上的话，将有可能对水体的资源造成毁灭性的打击，因此，适宜的放养密度应以既能充分利用河沟资源，又不能影响河沟资源再生为原则。

鉴于此，加上我们调查的情况来看，我们建议在河沟中养殖河蟹时的放养规格为 60～80 只/千克，放养量为每亩 1 千克，放养时间 3 月中旬为宜。投放的蟹种要求甲壳完整、肢体齐全、无病无伤、活力强、规格整齐、同一来源，并剔除"小老蟹"。放养时先用河沟里的水浸 2 分钟后提出片刻，再浸 2 分钟提出，重复 3 次，再用 3%～4% 的食盐水溶液浸泡消毒 3～5 分钟。

四、鱼种的配养

为了提高养殖的综合效益，可以在河沟里投放一定数量的鲢、鳙鱼，每亩放养数量 50 尾，规格为 10 厘米左右。

在进行鱼种配养时，一定要注意限制鲤鱼和鲫鱼等底层鱼类，这是因为河蟹生活在水体的底层，它在栖息、蜕壳时可能受到它们的侵扰；禁止放养青鱼、鳜鱼、鲇鱼和乌鳢等底层肉食性鱼类，因为这些鱼类不但和河蟹争夺食物，而且还会直接吞食河蟹，造成养殖的损失；可适当投放一些鲂鱼和鳊鱼，因为这类鱼虽然也是食草性的，但是所食的部位与河蟹有差异，河蟹喜欢摄食水草的根部和下部茎叶，而上部水草就会漂浮在水面，时间久了会死亡腐烂，而这些漂上来的水草可以被鲂鱼和鳊鱼有效地食用。只是在放养时间上要有所推迟，鲢鳙鱼可以在冬季放养，而鲂鳊则应在 5 月份水草长到一定程度时再放养。

五、水草的栽培

"蟹多少，看水草"，水草是河蟹隐蔽、栖息、蜕皮生长的理想场所，水草也能净化水质，减低水体的肥度，对提高水体透明度，促使水环境清新有重要作用。同时，在养殖过程中，有可能发生投喂饲料不足的情况，水草也可作为河蟹的部分饲料。

在一些水草较少的河沟里，还要人工栽培一些水草，最方便的还是水花生，但是使用效果比水花生好的还是伊乐藻、轮叶黑藻等，这些水草可以为河蟹的蜕壳以及保护蜕壳蟹创造有利条件。

可以沿河沟两岸的浅水处种植水草，既可供河蟹摄食，同时为蟹提供了隐蔽、栖息的理想场所，也是河蟹蜕壳的良好地方，对于那些空间较大的河沟水域，可用草框把水花生、空心菜、水浮莲等固定在水中央。

六、适当投放螺蛳

螺蛳是河蟹很重要的动物性饵料，由于一般的河沟里都有丰富的螺蛳，因此在放养前对河沟里的螺蛳资源做个调查，如果资源比较丰富，基本上能满足河蟹的生长，那就不再需要人工投放了，如果河沟里的螺蛳资源比较少，并不能满足河蟹的生长发育所需，这时就需要在放养前人工投放适当的螺蛳了，一般是在清明前每亩放养鲜活螺蛳 100 千克就可以了。投放螺蛳一方面可以改善池塘底质、净化底质，另一方面可以补充动物性饵料，所以这两点至关重要。

七、加强管理

在河沟里养殖河蟹时，管理工作一定要到位，通常应做好以下的管理工作：

一是合理分区养殖，如果河沟的区域较大，两岸过长，可以考虑将河沟的两端用网箔分隔拦截，也可以打坝分隔，这样就方便管理，同时对生产效益也有明显的提高。

二是投放蟹种后，要做好河沟的巡视工作，禁止鸭子等家禽进入河沟内。

三是在生产季节，要做到"三不"，即不施肥、不捕鱼、不打捞水草。

四是做好饵料补充工作，一般来说，在河沟里养殖河蟹是不需要投喂饵料的，河沟里的水草和螺蛳以及其他底栖生物的资源基本上就能满足河蟹的生长发育需求了。但是在养殖面积较小、水草资源极度缺少时，可以投喂人工饲料予以补充，如投喂一些小鱼、小虾、玉米、大麦、小麦、稻谷等。

五是做好五防工作，即夏季防台风、防汛期、平时防病害、关键季节防逃跑、还有就是防人为破坏和偷盗。

八、捕捞

在河沟里养殖河蟹，当河蟹养殖成熟后就要及时捕捞，千万不能和池塘养殖河蟹一样，可以将河蟹囤养到春节前后出售，尤其是对那些没有防逃设施的河沟来说，更要注意这一点。因为捕捞太晚的话，会造成河蟹的生理性逃跑。

我们认为合适的捕捞时间是在每年的 9 月中旬至 10 月中旬，捕捞的渔具有蟹簖、刺网、地笼等，也可在出水口处设张网捕捞。由于从河沟捕捞上来的河蟹会有相当一部分并不完全肥满，加上这个季节的河蟹口感不好，售价不高，因此建议捕捞上来的河蟹可以暂养一两个月后再出售。

第十节　庭院养蟹技术

庭院养蟹是指农户利用家前屋后的空地开挖土地，建造成水泥池或者是小土池，也可在天井内或庭院内建池，进行小范围、高密度养蟹的一种方式，这是一种将河蟹的暂养育肥与人工养殖有机地相结合，通过精心管理、科学投喂，就能取得高产高效的目的，尤其是单产较高，是适宜农家发展养蟹的一种简便方式。

一、蟹池建设

在庭院养殖时，一般都是进行高密度集约化的养殖，由于放养的密度较高，加上投喂的饲料较多，因此对蟹池的建设和规格质量也比较高。根据调查，目前用于庭院养殖的蟹池有水泥池和土池两种，以水泥池为主。

首先要选择地势稍高的向阳、背风处和无污染的地方修建蟹池。

其次要求水源充足、水质良好，有一定水位落差，利于进水和排水，如果农家有自备深井水也可以，但是在使用深井水时一定要经过曝气后方可入池。

第三就是池子的面积可大可小，应根据养殖者的饲养水平以及投资情况来定，面积从 10～100 平方米都可以，还是以 15～25 平方米为宜，便于实行精养，池深以 1.4～1.5 米最适合。

第四就是水泥池以圆形或椭圆形为佳，池壁用红砖或石块砌成，用水泥浆抹光滑，池壁上方砌成向内突的防逃墙，建好进排水管道，池底应向排水口一侧倾斜。新建造的水泥池在使用前要进行去碱处理，方法是先注满水，待4～5天排干后重新注入新水，反复2～3次，就可将壁上水泥的碱性消除。

第五就是在水泥池上方搭设架子，沿池种上丝瓜、葡萄或玉米等高秆植物，形成一个具有遮阳、降温的绿色屏障，让河蟹栖息。同时可在池内种植一些水生植物如水花生、水葫芦等，创造一个良好的生态环境，以适应河蟹高密度养殖的需要。

二、蟹种放养

庭院养蟹一般都是以商品蟹为主，要求当年投放苗种，当年养殖成蟹，而且商品河蟹的规格要求达到150克/只。为了达到这种养殖目的，放养的蟹种规格也要相应增大，通常在20～30克/只，每平方米可放养20只，如果养殖池有微流水条件时，则可多放。要求放养的蟹种规格整齐，大小一致，附肢完整，无病无伤，健康活泼，活力较强。在投放时一定要加强检查，对于一些早熟蟹种和一些可能长不大的"老头蟹"，要坚决剔除。在放养前也要用3%的食盐消毒5分钟，或在20毫克/升的漂白粉中洗浴20分钟后再入池饲养。

三、饵料投喂

庭院养蟹是需要强化饲养、人工催肥，因而是需要投喂饵料的，主要是投喂鲜活蚯蚓、小鱼虾、螺蚌蚬肉、黄粉虫、蚕蛹、蛆虫等动物性饵料，还可以投一些瓜果蔬菜以及浮萍、水花生等青绿饲料和玉米、小麦等谷类饲料。

根据河蟹具有晚上觅食的生活习性；投饵可在傍晚（16：00～18：00）和清晨（5：00～6：00）分 2 次定时投喂，每次投饵量按蟹池里河蟹体重的 5% 安排，饵料一定要讲究新鲜适口，质优量足，人工配合饵料要注意营养的全面，严防霉烂变质，使河蟹吃饱吃好，促进生长，提高饵料的利用率。

四、水质调节

庭院高密度养殖河蟹，其实也是一种精养方式，投喂的饵料多，河蟹吃的也多，它们的排泄物也多，因此水质调节是关键。一是要求水质新鲜洁净，溶氧量充足达到 5 毫克/升以上，pH 值为 6.8～7.8，为调节水质，在养殖初期每隔 3～4 天定期更换池水的 1/3。7 月中旬以后是生长旺盛期，随着河蟹个体的增长，摄食量的增加，排泄物的大量沉积，极易污染水质，这期间除定期更换池水外，还要求蟹池保持有常流水；二是在夏秋高温季节，为防止池水突变，可向蟹池中投放适量的水葫芦、水浮莲或水花生等水生植物，并用竹架控制其占池水面的 1/3；三是为调节水体中的 pH 值，每隔 15～20 天泼洒 0.7 克/立方米浓度的生石灰浆。

五、日常管理

一是做好遮阳控温工作，由于庭院养殖时，放养的蟹种较多，密度很大，水体较小，在夏季高温时，水温上升较快，为了促进河蟹的快速生长，夏季遮阳降温是蟹池管理的主要内容，可在蟹池四周种植高秆植物，池内栽种 1/4 的柔软的水草，池角搭设丝瓜、南瓜棚，在池中放些水葫芦、水浮萍，为河蟹营造舒适的安全的生存栖息环境。

二是加强对蜕壳蟹的管理，可在池中一角专门饲养蜕壳蟹，喂以精料，使其尽快恢复体力，避免其他河蟹对蜕壳蟹的干扰和伤害。

三是坚持预防为主，防治结合的方针，做好蟹病的预防治，提高河蟹养殖的成活率。

第十一节　河蟹的人工放流

1969 年上海崇明县发现蟹苗捕捞基地，使长江口天然蟹苗进入开发利用阶段。20 世纪 70 年代，在浙江、上海、江苏之后，安徽、湖北、北京、山东、内蒙、江西、湖南、广东、新疆等 25 个省、市自治区从长江口采运蟹苗到内陆淡水水域放流，获得了显著经济效益和社会效益。

第十二节　河蟹越冬育肥技术

河蟹的越冬育肥也称为河蟹的囤养,是指将从养殖水体捕起的成蟹转入到人工控制下的专用的小面积场地进行短期集约化饲养后,再作为一种商品蟹进行出售的一种方式。它与一般河蟹养殖的区别有两点:一是其他形式的河蟹养殖是从幼蟹养到成蟹,而育肥是将成蟹进一步养殖,实际上就是将早期的成蟹养成一种成熟的成蟹;二是其他形式的养殖周期较长,至少有 6 个月左右,而育肥的养殖时间较短,一般短的仅有 10 天,长的也就2 个月左右。

一、育肥的意义

对河蟹进行越冬育肥是有一定意义的。

1. 提高商品规格

一般在大水面中养殖的河蟹在 9 月份就开始捕捞,这时的河蟹正值生殖蜕壳的后期,这时捕捉上来的河蟹一部分已经蜕壳完毕,一部分正在蜕壳中,还有一部分即将蜕壳,通过人为越冬育肥后,可以促进河蟹的蜕壳继续进行,蜕完壳后的河蟹个体会更大,规格也就上了一个等级,价格也就上了一个台阶。

2. 提高商品价值

在每年 9 月份捕捉的河蟹，肌肉还不充实，性腺发育还不完全，表现在蟹黄不饱满，蟹膏不肥腴，水分较多，有经验的饕餮食客称之为"水瘪蟹"，因此商品价值较低。在经过短期育肥囤养后，加上人工投喂的优质饵料，河蟹的性腺发育成熟，膏肥黄多，肌肉饱满结实，水分较少，商品价值很高。

3. 待价而沽

秋末冬初，各地养殖的商品成蟹进入捕捞销售阶段。由于货源集中，往往给销售带来一定困难，同时售价也不理想，直接影响到经济效益的提高。不少精明的养蟹农户利用家前屋后的空地挖土池、建水泥池或在天井、庭院内建池，进行小范围高密度养殖河蟹，将捕上的商品成蟹进行囤养育肥，至春节前后再销售，他们通过投喂饲料与强化培育、人工育肥相结合，达到既增加河蟹的个头，又增加河蟹饱满度的目的。

这种养殖方式把暂养和养殖有机结合起来，占地面积不大，精养细管，单产水平较高，可获得很高的经济效益，现在已经成为广大农村致富的一条好路子。

二、育肥方式

虽然全国各地的育肥方式比较多，但各地的育肥方式也是大同小异，常见的育肥方式主要有土池育肥、水泥池育肥、竹笼育肥、塑料箱育肥、网箱育肥、室内育肥和水缸育肥等多种，效果最好且使用最广泛的是水泥池育肥，其次就是小土池育肥。

三、蟹池建设

庭院养蟹池选择在门前屋后的空地围院建蟹池，利用地下水或自来水作养殖水源。可以分为土池和水泥池两种。土池要求面积 5～10 亩，能保持 1.5 米以上水位，不渗漏，进排水方便。如利用养过鱼的池塘，池底腐殖土厚度不能大于 15 厘米。超出该厚度的，要挖去一部分，否则河蟹腹部色泽变黑，不仅味道不美，价格还会受到影响。在河蟹入池前 10 天，用生石灰清塘，一周后注水放蟹，池内也须投放占水面积 1/3～2/5 的水生植物，让蟹安全避敌和摄食。

最方便的还是水泥池，蟹池的形状没有一定的要求，可以建成方形、圆形或其他形状等，要求面积 20～100 平方米，能蓄水深 1.2 米以上，进排水方便。池底池壁都要用平砖或侧砖砌成，加水泥嵌缝，或用水泥抹光滑，底面铺上 15～20 厘米厚的细沙。设有完善的相对的进排水设施，池底向出水口一侧倾斜。进水前要安装好 60～80 目的密网，防止水中敌害进入危害幼蟹。池上用竹片、网纱等围起高 70 厘米的防逃墙，墙上方搭水泥平块或玻璃。池上方搭架子种丝瓜、葡萄、黄豆等，给河蟹生长遮阳。池内种植水葫芦、水花生、浮萍、菹草、轮叶黑藻、茭白等水生植物，占池面积 1/3。同时在池内还要设置河蟹栖息场所，如安设瓦砾、砖头、石块、网片、旧轮胎、草笼等作蟹巢，供河蟹隐蔽栖息、防御敌害和滋生河蟹爱吃的浮游生物。

一般在庭院新建的河蟹池可用生石灰水带水清塘，每亩用 100 千克，水泥池则要去碱后才能使用。

四、密度要求

土池育肥时，每亩可放成蟹 500～700 千克。水泥池育肥时，每平方米放成蟹 1.5～2 千克。

五、饵料投喂

以投喂小鱼、小虾、螺蚬、蚌肉、蚯蚓、猪血等动物性饵性为主，投喂量占饲料总量的 60%，有条件的可增至 80%，适当投喂一些瓜类、蔬菜等青绿饲料。日投喂量以吃饱、吃完、不留残饵为准，经验数据是投喂量可占池子的蟹体重的 10% 左右，一天投喂 2～3 次，早晨和傍晚各 1 次，定点投放在接近水位线的池边上或池边浅水处，上午投全日量的 40%，傍晚投 60%。视水色、天气、摄食活动情况等增减投饵量。在水色过浓时，应减少投饵量；阴雨天、天气闷热、有暴雨前兆要少喂或停喂，晴天要多喂。清除浅渣、污物，减少投饵量或调换适口饵料。河蟹活动正常时，应增加投饵量，并要做到饵料新鲜适口，质优量足，合理充分。入冬后，水温降至 10℃ 左右时，投饵量应逐渐减少至蟹体重的 30%～50%，直至冬眠停喂。

六、精细管理

一是强化水质管理。河蟹喜欢比较清新的水环境，在这种条件下，它的新陈代谢旺盛，耗氧量大，故蟹池水质要保持清新，池水每日换 1 次或隔日换 1 次，每次换水 1/3～1/2，有的还可用微流水。每月干池 1 次，冲洗池底污物，扫除残渣剩饵，使水质保持清新，确保透明度在 30～40 厘米之间。当天气过热时，要适当加深池水，以稳定池水水温。严防水质受到工业污染、农药污染和化学污染。

二是做好巡回检查工作，在河蟹育肥围养期间，必须坚持每天早、中、晚巡回检查。一查水色、水位。如水质清新，溶解氧在 5 毫克/升以上、池水不渗漏、水位达到要求，则视为正常。反之，如水色变浓，水位降至要求水位以下，则须加大换水量，提高池内水位至要求标准；二查吃食。重点查看残食量多少。如残食量多，则在下次投喂时适量减少。反之，则适量增加。注意：对变质残饵要及时捞除，以保持水质清新。三查活动情况。河蟹在正常情况下，表现为安静、不上爬离池。如投饵量不足，吃不饱时，会相互残食。特别在脱壳期间和雌雄交尾期间，易被同类食之。因此，必须投足饲料，让其吃饱吃好，并尽可能在成蟹入池前进行雌雄分池围养。设在围养池旁边的管理者住所，夜间尽可能关闭电灯，这样可避免河蟹因喜光习性而迎着亮光爬行，使体力消耗增加。

三是做好防病、防害、防逃工作。放养前按每亩60～75千克生石灰，溶化后全池泼洒，杀死池中有害生物，河蟹下塘之前要进行体表消毒，防止把病原体带进池内，定期用生石灰消毒蟹池，经常加注新水，保持池水清洁卫生。采用药物灭鼠、鼠夹、鼠笼、电猫等工具灭鼠，消灭水蜈蚣等敌害。一经发现病害，要立即查找病因，采取有效方法防治。另外，还要定期检查维修和加固防逃设施，防止河蟹逃逸。

七、及时销售

到春节前后，河蟹价格比秋末冬初集中捕捞时高，而其个体也增加体重30％～50％。虽经过囤养，成活率在80％左右，但相比之下，仍会有明显效益。例如100～125克/只个体经育肥达到150克/只以上规格时，价格在上海等大城市要上一个档次。而200克/只以上的，价格更高，销售更畅，成为出口创汇走俏货。

第四章 河蟹的饲料与投喂

第一节 河蟹的营养

根据目前现状，决定河蟹养殖效益的主要因素有种苗和饲料的供应。河蟹的生长发育所需的营养物质来源于天然鲜活饵料和人工配合饲料。在小规模养殖中可以采用天然鲜活饵料，以降低养殖成本。河蟹喜食鱼、虾、蚕蛹、田螺肉、动物内脏、屠宰下脚料及蔬菜叶、豆类、麦类、南瓜等。在规模化或集约化的养殖中大都采用人工配合饲料，或者以人工配合饲料为主，天然饵料为辅。

一、河蟹的营养特点

河蟹的一生都要生活在海水或淡水里，是属于低等变温动物，由于它们生活环境的特殊性，加上繁育期和生长期是在不同的咸淡水环境中摄取营养，因此河蟹的营养特点是与一般的水产动物不同的，只有了解了它的营养特点，进而了解它的营养需求，才能做到有的放矢，配制出合理、科学、高效的颗粒饲料，才能促进河蟹的生长发育，提高养殖河蟹的经济效益。

（1）河蟹不需要维持恒定的体温，它是一种低等变温动物，体温一般比水环境略高 0.5℃，所以用来维持体温的能量消耗就非常少，因此在同等的营养条件下，河蟹获得生长所需要的能量就相对要多一点。

（2）河蟹对饲料蛋白质的要求比较高，而且要求齐全的 10 种必需氨基酸。

（3）河蟹的消化器官分化简单而且很短，它的消化腺不发达，没有唾液腺，食物在消化道的停留时间短，对碳水化合物的利用率较低，但是对脂肪的利用率较高。

（4）河蟹长期生活在水中，它的行为不易被人们直接观察到，吃食时也不能被人看得清、摸得着，因此给管理上带来很大的麻烦。当蟹饲料投入到水中后，一些营养物质也容易在水中散失，还有一部分没有吃完的饲料也容易沉入到水底与泥沙混杂，造成饲料的浪费和水质的污染。这就要求我们在配制人工饲料时必须做成颗粒状的，而且在水中的稳定性要好，一般要求河蟹的颗粒饲料在水中能稳定 2 小时以上。

（5）河蟹不但能从饲料中吸收矿物质，还能从水体中吸收一部分矿物质，因此在配制颗粒饲料时必须要考虑这一点。

二、河蟹的营养需求

1. 河蟹对蛋白质的需求

研究表明，河蟹不同的生长阶段对蛋白质的需求量

是不同的，在蚤状幼体阶段，饲料蛋白质的含量宜在
45%～48%；在大眼幼体至Ⅲ期幼蟹期间的饲料蛋白质
含量为45%时，幼体蜕皮时间短，变态整齐，成活率高
达86%；在幼蟹个体为0.1～10.0克时，饲料的最佳蛋
白质含量为42%；而成蟹的饲料蛋白质含量为35%～
40%。因此河蟹对蛋白质的营养需求还是比较高的，在
饲养前期要求适宜含量达到42%，养殖的中后期达到
36%就可以了。

2. 河蟹对氨基酸的需求

河蟹的生长发育离不开10种必需氨基酸，而且这些
氨基酸都是从饲料中获利的。这些氨基酸包括苏氨酸、
缬氨酸、亮氨酸、异亮氨酸、色氨酸、蛋氨酸、苯丙氨
酸、组氨酸、赖氨酸和精氨酸等。具体的含量也与河蟹
的生长发育阶段密切相关。

3. 对脂肪的需求

在配合饲料中，河蟹的脂肪适宜含量为6%左右时，
河蟹的生长发育最好。

4. 对碳水化合物的需求

在河蟹的蚤状幼体阶段，糖是影响河蟹幼体成活率
的主要因素，适宜的含量应达到10%以上，而在成体的
养殖过程中，适宜含量以7%左右比较适宜，这将有助于
河蟹的胃肠蠕动以及对蛋白质等营养物质的消化吸收。

5. 对矿物质的需求

河蟹对矿物质的需求方面主要考虑钙和磷的含量，在饲养幼蟹个体为 0.1～10 克时，矿物质的含量达到 12% 时，成活率和蜕皮效率最高。另外由于水体中含有一定的钙和磷，而河蟹是可以从水体中吸收到相当一部分的钙和磷的，因此只要在养殖过程中适时泼洒生石灰和定期施磷肥，基本上就能满足河蟹的生长需求。

第二节　河蟹饲料的种类

河蟹的饲料是比较多的，既有天然活饵料，又有人工配合饲料；既有植物性饲料，又有动物性饲料。

一、植物性饲料

河蟹是杂食性动物，对植物性饵料比较喜爱，它们常吃的饵料有以下几种。

藻类：浮游藻类生活在各种小水坑、池塘、沟渠、稻田、河流、湖泊、水库中，河蟹对多种藻类能摄食。

芜萍：芜萍为椭圆形粒状叶体，是多年生漂浮植物，生长在小水塘、稻田、藕塘和静水沟渠等水体中，也是河蟹喜欢摄食的植物性饲料。

各种蔬菜：主要有青菜、小白菜、菠菜和莴苣等，可适当地投喂作为补充食料。

水浮莲、水花生、水葫芦：它们都是河蟹非常喜欢的植物性饵料。

草：包括伊乐藻、苋草等各种沉水性水草以及苏丹草等多种旱草，都是河蟹爱吃的植物性饵料。

二、动物性饲料

河蟹常食用的动物性饵料有水蚤、剑水蚤、轮虫、原虫、水蚯蚓、孑孓以及鱼虾的碎肉、动物内脏、鱼粉、血粉、蛋黄和蚕蛹等。

水蚤、剑水蚤、轮虫等：营养丰富，是水体中天然饵料，蟹苗在进行培育时，喜欢摄食它们。

水蚯蚓：通常群集生活在小水坑、稻田、池塘和水沟底层的污泥中，身体呈红色或青灰色，它是河蟹适口的优良饵料。

孑孓：通常生活在稻田、池塘、水沟和水洼中，尤其春、夏季分布较多，是河蟹喜食的饵料之一。

蚯蚓和蝇蛆：种类较多，都可作河蟹的饵料。

螺蚌肉：是河蟹养殖的上佳活饵料，可以投喂新活螺蚌作为长期的饵料，也可以把螺蚌打碎后直接投喂。

血块、血粉：新鲜的猪血、牛血、鸡血和鸭血等都可以煮熟后晒干，或制成颗粒饲料喂养河蟹。

鱼、虾肉：成蟹可直接食用，在培育幼蟹时最好煮熟去皮后投喂。

三、人工配合饲料

人工配合饲料就是根据河蟹的生长特点、不同的生

173

长阶段以及河蟹的营养需求而专门配制的颗粒饲料，具体的内容在后文中详述。

第三节　河蟹饵料的解决途径

一、积极寻找现成的饵料

1. 充分利用屠宰下脚料

利用肉类加工厂的猪、牛、羊、鸡、鸭等动物内脏以及罐头食品厂的废弃下脚料作为饲料，经淘洗干净后切碎或绞烂煮熟喂河蟹。沿海及内陆渔区可以利用水产加工企业的废鱼虾和鱼内脏，渔场还可以利用池塘鱼病流行季节，需要处理没有食用价值的病鱼、死鱼、废鱼作饲料。如果数量过多时，还可以用淡干或盐干的方法加工储藏，以备待用。

2. 捕捞野生鱼虾

在方便的条件下，可以在池塘、河沟、水库、湖泊等水域丰富的地区进行人工捕捞小鱼虾、螺蚌贝蚬等作为龟的优质天然饵料。这类饲料来源广泛，饲喂效果好，但是劳动强度大。

3. 利用黑光灯诱虫

夏、秋季节在蟹池水面上 20～30 厘米处吊挂 40 瓦的黑光灯 1 支，可引诱大量的飞蛾、蚱蜢、蝼蛄等敌害昆虫入水供河蟹食用，既可以为农作物消灭害虫，又能提供大量的活饵，根据试验，每夜可诱虫 3～5 千克。为了增加诱虫效果，可采用双层黑光灯管的放置方法，每层灯管间隔 30～50 厘米为宜。特别注意的是，利用这种饲料源，必须定期为河蟹服用抗生素，提高抗病力。

二、收购野杂鱼虾、螺蚌等

在靠近小溪小河、塘坝、水库、湖泊等地，可通过收购当地渔农捕捞的野杂鱼虾、螺蚬贝蚌等为河蟹提供天然饵料，在投喂前要加以清洗消毒处理，可用 3%～5% 的食盐水清洗 10～15 分钟，或用其他药物如高锰酸钾杀菌消毒，螺、贝、蚬、蚌最好敲碎或剖割好再投饲。

三、种植瓜菜

由于河蟹是杂食性的，因此可利用零星土地种植蔬菜、南瓜、豆类等，作为河蟹的辅助饲料，这是解决饲料的一条重要途径。

四、人工培育活饵料

蚯蚓、蝇蛆、黄粉虫、田螺、河蚬等都是河蟹的优质鲜活饲料，都可利用人工手段进行养殖、培育，以满足养殖之需，但是在规模养殖时，还是田螺和河蚬的培育更能解决河蟹的饵料，而且螺、蚬、贝对水质也有很好的净化作用，因此我们建议河蟹养殖户重点进行田螺和河蚬的培育。

1. 田螺的培育

人工养殖田螺，既可开挖专门的养殖池，也可利用稻田、洼地、平坦沟渠、排灌池塘等养殖。专门的养殖池应选择水源有保障，管理方便，没有化肥、农药、工业废水污染的地方，利用稻田养殖，既不能施肥，又不能犁耙，在进出水口安装铁丝或塑料隔网，以便进行控制。养殖池最好专池专养，分别饲养成螺、亲螺和幼螺，一般要求池宽 15 米，深 30～50 厘米，长度因地制宜，以便于平时的日常管理和收获时的捕捞操作，养殖池的外围筑一道高 50～80 厘米的土围墙，分池筑出高于水面 20 厘米左右的堤埂，以方便管理人员行走。池的对角应开设一个排水口和一个进水口，使池水保持流动畅通；进出水口要安装铁丝网或塑料网，防止田螺越池潜逃，养殖池里面要有一定厚度的淤泥。在放养前一周，首先要先培育天然饵料，方法是用鸡粪和切碎的稻草按 3∶1 的比例制成堆肥，按每平方米投放 1.5 千克作为饵料生物培养床，同时适当在池内种植茭白、水草或放养紫背浮萍、绿水芜萍、水浮莲等，水下设置木条、竹枝、石头等隐蔽物，以利于螺遮阴避暑、攀爬栖息和提供天然饵料，提高养殖经济效益。

投放密度：人工养殖田螺，必须根据实际灵活掌握种螺的投放密度。一般情况下，在专门单一养成螺的池内，密度可以适当大一些，每平方米放养种螺 150～200

个，如果只在自然水域内放养，由于饵料因素，每平方米投放 20～30 个种螺即可。

饵料投喂：田螺的食性很杂，人工养殖除由其自行摄食天然饵料外，还应当适当投喂一些青菜、豆饼、米糠、番茄、土豆、蚯蚓、昆虫、鱼虾残体以及其他动物内脏、畜禽下脚料等。各种饵料均要求新鲜不变质，富有养分。仔螺产出后 2～3 个星期即可开始投饵。田螺摄食时，因靠其舌舔食，故投喂时，应先将固体饵料泡软，把鱼杂、动物内脏、屠宰下脚料及青菜等剁碎，最好经过煮熟成糜状物后，再用米糠或豆饼麦麸充分搅拌均匀后分散投喂（即拌糊撒投），以适于舔食的需要。每天投喂 1 次，投喂时间一般在上午 8：00～9：00 为宜，日投饵量大约为螺体重的 1%～3%，并随着体重的逐渐增长，视其食量大小而适量调整，酌情增减。对于一些较肥沃的鱼螺混养池则可不必或少投饵料，让其摄食水体中的天然浮游动物和水生植物。

注意科学管理：人工养殖田螺时，平时必须注意科学管理，才能获得好的收成。

(1) 注意观测水质水温：田螺的养殖管理工作，最重要的是要注意管好水质、水温，视天气变化调节、控制好水位，保证水中有足够的溶氧量，这是因为田螺对水中溶氧很敏感。据测定，如果水中溶氧量在 3.5 毫克/升以下时，田螺摄食量明显减少，食欲下降；当水中溶解氧降到 1.5 毫克/升以下时，田螺就会死亡；当水中溶解氧在 4 毫克/升以上时，田螺生活良好。所以在夏秋摄食旺盛且又是气温较高的季节，除了提前在水中种植水生植物，以利遮阴避暑外，还要采用活水灌溉池塘即形成半流水或微流水式养殖，以降低水温、增加溶氧。此外，凡含有强铁、强硫质的水源，绝对不能使用，受化肥、农药污染的水或工业废水要严禁进入池内。鱼药五氯酚钠对田螺的致毒性极强，因此禁止使用；水质要始终保持清新无污染，一旦发现池水受污染，要立即排干池水，用清新的水换掉池内的污水。

（2）注意观察采食情况：在投饵饲养时，如果发现田螺厣片收缩后肉溢出时，说明田螺出现明显的缺钙现象，此时应在饵料中添加虾皮糠、鱼粉、贝壳粉等；如果厣片陷入壳内，则为饵料不足饥饿所致，应及时增加投饵量，以免影响生长和繁殖。

（3）加强螺池巡视：田螺有外逃的习性，在平时要注意加强螺池的巡视，经常检查堤围、池底和进出水口的栅闸网，发现裂缝、漏洞，及时修补、堵塞，防止漏水和田螺逃逸。同时要采取有效措施，预防鸟、鼠等天敌伤害田螺；注意养殖池中不要混养青、鲤、鲈鱼等杂食性和肉食性鱼类，避免田螺被吞食；越冬种螺上面要盖层稻草以保温保湿。

田螺的捕捞：人工养殖的田螺，产出后3个月即可达到2～3克/只重，当年成螺可达到10～15克/只重，这样大小的田螺，肉质肥美鲜嫩，起捕时采取起成螺留幼螺的做法，但必须注意，在田螺怀胎产仔的3个月，即每年的6月上旬、8月中旬和9月下旬，暂时不必起捕或有选择地起捕已产仔的成螺，多留怀胎母螺以供繁殖再生产，一般每年可留 20％左右作为来年的种螺；起捕时，先将经过脱脂的米糠与土相拌和，若米糠经炒熟喷香后，效果最好，投入水中若干地方，这时田螺就会聚集取食，用手捞起即可。

2. 河蚬的培育

（1）培育池的建造

河蚬培育池应建在水源排灌方便，水质无污染，特别是无农药和化肥污染的池塘里，池塘底质淤泥较少，腐殖质不宜过多，以沙质土壤为宜，面积以 1～3 亩为好，水深以 0.8～1.2 米为佳，另外还要建造 1～2 个幼蚬培育池和亲蚬培育池。

（2）亲蚬的来源及繁殖

人工养殖用的河蚬最好是从江河中人工捕捞的成熟河蚬，用铁耙捕起的河蚬由于蚬体受到机械损伤，体质较差最好不用。每年 8 月份左右是河蚬的繁育旺季，应选择体大而圆（同心圆蚬一般是性腺发育良好的河蚬）的亲蚬放于土池中专门培育，主要投喂一些鱼粉、屠宰下脚料等优质饵料，以促进亲蚬的迅速发育。河蚬交配繁殖后，精卵在水中浮游时相互融合并发育成为受精卵，河蚬为变态发育，它的受精卵在水中发育变态为担轮幼虫和面盆幼虫，不像河蚌那样寄生在鱼体上发育。面盆幼虫营浮游生活，抵抗力较差，生活力较弱，常常成为其他鱼类的腹中美餐，因此面盆幼虫最好要单独专池培育。

（3）幼体的培育

幼体培育池最好用水泥池规格以 5 米×3 米×1 米为宜，水深控制在 0.6 米为佳，在池中投放一些水花生、浮萍等水生植物，以供担轮幼虫和面盆幼虫栖息时用，也可为它们诱集部分天然饵料。日常管理主要是加强水质、水位的控制，要求水质清新，绝对不能施放农药和化肥，投饵主要以煮熟后磨碎的鱼糜为佳，伴以部分黄豆。

（4）成蚬的养殖

养殖池的建设：河蚬养殖池不宜太大，一般以 3～5 亩为宜，进排水方便，池底不能有太多的淤泥，水色不能太肥，否则易引起河蚬死亡，水深保持在 1 米左右。

运输及放养：若从外地购买蚬种时，可将河蚬种苗装入麻袋或草包中带湿低温阴凉运输。为了减少途中死亡，应注意每隔 8 小时左右洒 1 次水，保持种苗的湿度，同时注意堆放时不要堆放得太多，以免压伤底部的河蚬种苗。在放养前最好先将池水排干，在日光下暴晒 10 天左右再注入新水。放养时，将整麻袋河蚬轻轻倒入水口，并在水中慢慢拖动麻袋，同时松开袋口，尽量使河蚬不要堆积，能分开为佳。

投放密度：一般第一年饲养河蚬时，每亩可放苗种 150 千克，由于河蚬在池塘里能不断地繁殖数量，因此第二年的投放量应降低，以 80～100 千克即可，河蚬种苗规格为 800～3000 个/千克。

投饵与管理：在池塘中养殖时，应及时投饵，通常投喂豆粉、麦麸或米糠，也可施鸡粪和其他农家肥料，有条件的地方在放养初期可投喂部分煮熟并制成糜状的屠宰下脚料，以增强苗种的体质，日常管理主要是池塘中不能注入农药和化肥水，也不宜在池塘中洗衣服，这最容易导致河蚬大批量死亡。

生长：在饲养条件良好的情况下，河蚬生长发育较快，初入塘时，苗种平均重为 0.1 克左右，饲养 1 个月可增重至 4～5 倍，达到 0.4～0.5 克，3 个月可达 0.85 克；4～4.5 个月可达到 2.2 克；5～6 个月可达 4 克；7～7.5 个月可长至 5 克左右，体重相当于原来苗种的 50 倍，此时可大量起捕。

起捕：起捕河蚬时，由于受到惊动，河蚬便栖息在淤泥中，因而可用带网的铁耙捕起后，再用铁筛分出大小，将大的捕出待用，个体较小的最好随时放回原池中继续饲养，注意受伤的河蚬必须捞起用药浴处理后再放养。值得注意的是，河蚬池中可以套养鲢、鳙、草鱼，但不能与青、鲤鱼等肉食性鱼类混养，还要防止特种水产如河蟹、黄鳝的捕食。

第四节 河蟹的配合饲料

饲料是决定河蟹的生长速度和产量的物质基础，任何一种单一饲料都无法满足河蟹的营养需求。因此，在积极开辟和利用天然饲料的同时，也要投喂人工配合饲料，既能保证河蟹的生长速度，又能节约饲养成本。

配合饲料又称为颗粒饲料，是根据河蟹的不同生长发育阶段对各种营养物质的需求，将多种原料按一定的比例配合、科学加工而成。

一、配合饲料的作用

在养殖河蟹的过程中，使用配合饲料具有以下几个方面的优点：

1. 营养价值高，适合于集约化生产

河蟹的配合饲料是运用现代河蟹研究的鱼类生理学、生物化学和营养学最新成就，根据分析河蟹在不同生长阶段的营养需求后，经过科学配方与加工配制而成，因此有的放矢，大大提高了饲料中各种营养成分的利用率，使营养更加全面、平衡，生物学价值更高。它不仅能满足河蟹生长发育的需要，而且能提高各种单一饲料养分的实际效能和蛋白质的生理价值，起到取长补短的作用，是河蟹集约化生产的保障。

2. 充分利用饲料资源

通过配合饲料的制作，将一些河蟹原来并不能直接使用的原材料加工成了河蟹的可口饲料，扩大了饲料的来源，它可以充分利用粮、油、酒、药、食品与石油化工等产品，符合可持续发展的原则。

3. 提高饲料的利用效率

配合饲料是根据河蟹的不同生长阶段、不同规格大小而特制的营养成分不同的饲料,使它最适于河蟹生长发育的需要。另一方面,配合饲料通过加工制粒过程,由于加热作用使饲料熟化,也提高了饲料蛋白质和淀粉的消化率。

4. 减少水质污染

配合饲料在加工制粒过程中,因为加热糊化效果或是添加了黏合剂的作用促使淀粉糊化,增强了饲料原料之间的相互黏结,加工成不同大小、硬度、密度、浮沉、色彩等完全符合河蟹需要的颗粒饲料。这种饲料一方面具有动物蛋白和植物蛋白配比合理、能量饲料与蛋白饲料的比例适宜、营养物质较全面的优点,同时也大大减少了饲料在水中的溶失以及对水域的污染,降低了池水的有机物耗氧量,提高了鱼池河蟹的放养密度和单位面积的河蟹产量。

5. 减少和预防疾病

各种饲料原料在加工处理过程中,尤其是在加热过程中能破坏某些原料中的抗代谢物质,提高了饲料的使用效率,同时在配制过程中适当添加了河蟹特殊需要的维生素、矿物质以及预防或治疗特定时期的特定蟹病,通过饵料作为药物的载体,使药物更好更快地被河蟹摄食，从而更方便有效地预防蟹病。更重要的是，在饲料加工过程中，可以除去原料中的一些毒素，杀灭潜在的病菌和寄生虫及虫卵等，减少了由饲料所引起的多种疾病。

6. 有利于运输和贮存

配合饲料的生产可以利用现代先进的加工技术进行大批量工业化生产，便于运输和贮存，节省劳动力，提高劳动生产率，降低了河蟹养殖的强度，获得最佳的饲养效果。

二、河蟹配合饲料的分类

配合饲料把能量饲料、蛋白质饲料、矿物质饲料等多种营养成分有机地结合在一起，但是各种营养成分在饲料中所起的作用又有所侧重，因此加工配制的河蟹颗粒饲料按配合饲料的营养成分可分为几类以下：

1. 全价饲料

又叫完全营养饲料或平衡饲料，指饲料中营养全面、配比合理、能满足河蟹在不同生长发育阶段的营养需求的配合饲料。全价饲料买回来后就可以马上投喂使用。

2. 添加剂饲料

它属于营养补充饲料，是由营养性添加剂（如维生素、微量元素和氨基酸等）和非营养性添加剂（如抗生素、激素、酶制剂、抗氧化剂等），以豆粕或玉米粉为载体，按河蟹生长发育所需的要求进行预混合而成。这种饲料的主要目的是用于补充河蟹普通饲料中缺少的氨基酸、维生素、矿物质及其他生长所需要的特殊成分的含量。这类饲料起补充作用，因此在使用时一要注意用量少，一般占配合饲料总量的 5％以内，并且一定要在搅拌均匀后，才能制粒使用。

3. 预混饲料

又称浓缩饲料或蛋白质浓缩料，是将添加剂饲料和蛋白质饲料等按规定的配方配制而成，在使用时这种预混合的饲料必须加到其他饲料中一起制成成品饲料才能用于河蟹的养殖，一般可占饲料配合量的 20％～30％。

4. 混合饲料

又称初级配合饲料，它是将蛋白质饲料、能量饲料和矿物质饲料一起混合而成，但没有考虑氨基酸、维生素以及其他养分的需求量，因此这种饲料营养成分不全面，饲料效率偏低，目前应用较少。

另外，河蟹的颗粒饲料按饲料的物理性状可以分为软颗粒饲料、硬颗粒饲料和膨化饲料等，它具有动物蛋白和植物蛋白配比合理、能量饲料与蛋白饲料的比例适宜、营养物质较全面的优点，同时在配制过程中，适当添加了河蟹特殊需要的维生素和矿物质，各种营养成分发挥最大的经济效益，并获得最佳的饲养效果。

三、配合饲料的原料

配合饲料的原料包括动物性原料和植物性原料两种。动物性原料提供动物蛋白源，如鱼粉、贝粉、肉骨粉、血粉等；植物性原料提供植物蛋白源，多采用各种饼类（如豆饼、花生饼、菜籽饼等）。

1. 动物蛋白源

饲料动物蛋白源的多少是决定河蟹生长快慢的主要因素。动物蛋白源最好采用北洋鱼粉，比鱼粉鲜度好，活性因子多，蛋白含量高达65％～70％，尤其含蛋氨酸、赖氨酸等必需氨基酸，脂肪含量2％～5.6％，香味很浓，诱食效果极佳，是生产河蟹饲料的首选原料。也可选择蚯蚓粉、蝇蛆粉、干黄粉虫等作为优质鱼粉的替代产品。

2. 植物蛋白源

河蟹的植物蛋白源也有多种，最常见的是豆饼，它富含植物蛋白，而且消化吸收快；花生饼的质量也比较稳定，可以替代豆饼添加；麦类如大麦、燕麦、小麦等富含淀粉和植物蛋白，既可以提供植物蛋白源，又可替代部分黏合剂，可以适当多加。

3. 动物蛋白与植物蛋白的适宜比例

河蟹属于以肉食性为主的杂食性动物，配合饲料应以动物蛋白为主，植物蛋白控制在一定的范围内，动物蛋白与植物蛋白之间比例一般以（3~4）：1为好。

4. 黏合剂

黏合剂是使颗粒和碎粒状饲料保持一定形状及黏合所必需的一种原料。倘若人工饲料的黏合性能差，饲料投喂后，会很快破碎、溶解，造成饲料中各种原料的散失，导致浪费饲料及污染水质。对于河蟹具有缓慢食性且喜噬食的动物，饲料黏合剂的种类和数量是仅次于动植物蛋白源对饲养效果发生重要影响的饲料要素。实践表明，α-淀粉、羧甲基纤维素、海藻胶等是河蟹饲料的良好黏合剂。尤其是α-马铃薯淀粉，它既是黏合剂，又提供能量来源，它具有速溶性、保水性和高黏性等优点，对饲料的黏弹性、柔软度、内聚力和稳定性都有很大作用。

5. 添加剂

添加剂也是配合饲料的关键技术之一，河蟹对饲料中维生素和矿物质的反应敏感，饲料中不足或缺乏时，会生长缓慢，饲料效率降低，并出现各种营养性疾病。

四、饲料配方推荐

饲料配方是配合饲料的关键技术之一，更是营养研究及其营养标准的成果体现，既要考虑河蟹的营养需求，又要充分考虑各种原料的营养比例，同时也不能忽视对成本的合理核算。

在目前配制的河蟹颗粒饲料中，动物性饲料占

30%～40%，植物性饲料占 50%～60%，其他的占 10% 左右。现将我国各地养殖河蟹过程中常用的且效果良好的一些河蟹配合饲料的配方整理出来，仅供参考。

1. 10 克以内的幼蟹配方

饲料配方 1：鱼粉 70%、蚕蛹粉 5%、啤酒酵母 2%、α-淀粉 20%、血粉 1%、复合维生素 1%、矿物盐 1%；

饲料配方 2：秘鲁鱼粉 35%、国产鱼粉 10%、酵母粉 3%、虾粉 11%、豆粕 17%、大豆鳞脂 7%、海藻粉 2.5%、小麦面精粉 5.9%、植物油 1.5%、磷酸二氢钙 2.7%、乳酸钙 0.4%、预混料 4%；

饲料配方 3：鱼粉 45%、蛋黄粉 5%、蛤仔粉 2%、脱脂奶粉 10%、卵磷脂 1.5%、酵母粉 2%、小麦精粉 22.5%、玉米麸质粉 5%、乌贼甘油 1%、多维和矿物质 2%、明胶 4%；

饲料配方 4：动物性蛋白饲料 37%、饼类 41%、糠麸粮食 14%、添加剂 8%。

2. 10～40 克的幼蟹饲料配方

饲料配方 1：北洋鱼粉 70%、α-马铃薯淀粉 22%、啤酒酵母 3%、复合维生素 1%、磷酸二氢钙 3%、矿物盐 1%；

饲料配方 2：秘鲁鱼粉 28%、国产鱼粉 10%、肉骨粉 5%、虾粉 4%、豆粕 15%、大豆磷脂 5%、花生粕 6.5%、玉米蛋白粉 5.5%、小麦粉 8.5%、草粉 5%、植物油 1％、磷酸二氢钙 2.1％、乳酸钙 0.4％、预混料 4％；

饲料配方 3：鱼浆 30％、蛋黄 15％、豆浆 37％、麦粉 18％；

饲料配方 4：动物性蛋白饲料 38％、饼类 40％、糠麸粮食 11％、虾粉 3％、复合添加剂 8％。

3. 40 克以上的成蟹配方

饲料配方 1：鱼粉 25％、豆饼 28％、玉米 19％、4 号麦粉 25％、维生素 1.5％，矿物盐 1.5％；

饲料配方 2：动物性蛋白饲料 27％、饼类 47％、糠麸粮食 7％、玉米 15％、小麦粉 1.5％、添加剂 2.5％；

饲料配方 3：鱼粉 36％、豆饼 33％、菜籽饼 5％、棉籽饼 4％、玉米 5％、糠麸 10％、复合添加剂 7％；

饲料配方 4：豆饼 22％、玉米 23％、麸皮 27％、小麦粉 10％、蟹壳粉 3.1％、骨粉 10％、海带粉 4.5％、生长素 0.35％、维生素 0.05％。

五、提高河蟹配合饲料的利用率

随河蟹对配合饲料的需求量越来越多，在养殖过程中，如何提高配合饲料的利用率，是降低养殖成本投入、提高养殖经济效益的重要举措。

1. 突出精养河蟹

采用配合饲料喂河蟹，可以降低饲料的投喂量，减轻残饵发酵对水体的污染，但是配合饲料比较昂贵，如果被普通鱼类吃掉，就会增加成本投入，因此在池塘精养河蟹投喂配合饲料时，一定要降低其他搭配鱼类的数量，尤其是要控制异育银鲫的搭配数量，一般每亩水面混养 100 尾左右的花白鲢、20 尾左右的异育银鲫。

2. 合理搭配青鲜饲料

河蟹对水草的需求量较大，除了人工种植水草或栽培水草外，还要定期投喂新鲜水陆嫩草、螺蚌蚬贝等鲜活饲料，这样既可减少配合饲料的投喂量，又能补充河蟹生长所必需的大部分维生素、矿物质和微量元素，可以提高配合饲料的利用率，加快河蟹的生长速度。

3. 配方要合理、营养要全面

河蟹在不同生长阶段、不同的水体环境和不同的养殖模式中，对营养物质的要求也略有不同，例如幼蟹对蛋白质含量的需求超过 40%，成蟹对蛋白质的含量在 35% 左右，因此要根据河蟹的食性、个体大小、月龄、生长阶段等对营养的不同需求来制定和选用合理的饲料配方，添加合适的微量元素，尽可能满足河蟹的营养需求。

4. 加适宜的诱食剂

为了保证配合饲料尽快被河蟹取食，减少被其他鱼类摄食的可能和破碎后对水体的污染，可在配合饲料中添加适宜的诱食剂，添加种类有甜菜碱、乌贼粉等，添加量一般为 1‰～2‰。

5. 配合饲料大小适口

将各类原料经粉碎和匀后，制成合适的形状，根据河蟹不同的生长阶段，加工成大小不一的颗粒料，使之具有较强的适口性，有利于河蟹的摄食，这样可减少饲料损失，提高利用率。

6. 掌握合适的投饲量

要准确估算出池塘里河蟹的产量和摄食状况，根据在不同生长阶段、不同季节、不同水温条件下，河蟹对饵料的摄食情况，掌握合适的投饲量。在实际操作过程中，要科学掌握"四看"、"四定"投饲技术，利用"试差法"确定每天的投喂量。

7. 投饲方法要得当

投喂河蟹最好用瓦片搭设饵料台，饵料台离水面约0.5 米，每池可设饵料台 10～15 个。日投饵次数可根据河蟹的摄食节律和季节而定，温度较低时，日投饵 1 次，在大生长期，9：00 和 17：00 各投饲 1 次，以下午投饵为主，占日投饵量的 70%。每天要及时清除残饵，并对食台定期消毒；经常换冲水，确保水体溶氧丰富，促进河蟹对饲料的摄食，提高饲料的利用率。

第五章　水草与栽培

第一节　水草的作用

在池塘养蟹中，水草的多少，对养蟹成败非常重要，这是因为水草为河蟹的生长发育提供极为有利的生态环境，提高苗种成活率和捕捞率，降低了生产成本，对河蟹养殖起着重要的增产增效的作用。据调查，池塘种植水草的河蟹产量比没有水草的产量增加 20％，规格增大 15～25 克/只，效益增加 300～500 元，因此种草养蟹显得尤为重要。水草在河蟹养殖中的作用具体表现在以下几点：

一、模拟生态环境

河蟹的自然生态环境离不开水草。"蟹大小，看水草"，说的就是水草的多寡直接影响河蟹的生长速度和肥满程度。在池塘中种植水草可以模拟和营造生态环境，使河蟹产生"家"的感觉，有利于河蟹快速适应环境和生长。

二、提供丰富的天然饵料

水草营养丰富，富含蛋白质、粗纤维、脂肪、矿物质和维生素等河蟹需要的营养物质。池中的水草一方面为河蟹生长提供了大量天然优质的植物性饵料，降低了生产成本，而且河蟹经常食用水草，能够助消化，促进胃肠功能的健康运转；另一方面河蟹喜食的水草还具有鲜、嫩、脆的特点，便于取食，具有很强的适口性；同时水草还能诱集大量的水蚯蚓、小鱼虾、螺、蚌、蚬贝以及底栖动物等动物性活饵提供给河蟹。

三、净化水质

河蟹喜欢在水草丰富、水质清新的环境中生活，水草通过光合作用，能有效地吸收池塘中的二氧化碳、硫化氢和其他无机盐类，降低水中氨氮，起到增加溶氧、净化水质的作用，使水质保持新鲜、清爽，有利于河蟹快速生长，为河蟹提供生长发育的适宜生活环境。另外水草对水体的 pH 值也有一定的稳定作用。

四、隐蔽藏身

河蟹蜕壳时，喜欢在水位较浅、水体安静的地方进行，在池塘中种植水草，形成水底森林，正好能满足河蟹这一生长特性，因此它们常常攀附在水草上，丰富的水草既为河蟹提供安静的环境，又有利于河蟹缩短蜕壳时间，减少体能消耗。同时，河蟹蜕壳后成为"软壳蟹"，此时缺乏抵御能力，极易遭受敌害侵袭，水草可起到隐蔽作用，使老鼠、水蛇等敌害不易发现，减少敌害侵袭而造成的损失。

五、提供攀附

幼蟹有攀爬习性，水草为幼蟹提供了攀附物。另外水草还可以供河蟹蜕壳时攀缘附着、固定身体，缩短蜕壳时间，减少体力消耗。

六、调节水温

养蟹池中最适应河蟹生长的水温是 $20\sim28{}^\circ\mathrm{C}$，当水温低于 $20{}^\circ\mathrm{C}$ 或高于 $28{}^\circ\mathrm{C}$ 时，都会使河蟹的活动量减少，摄食欲望下降。如果水温进一步变化，河蟹多数会潜入泥底或进入洞穴中穴居，影响它的快速生长。在池中种植水草，冬天可以防风避寒，炎热夏季水草可为河蟹提供一个凉爽安定的生长空间，能遮住阳光直射，使河蟹在高温季节也可正常摄食、蜕壳、生长，同时适宜凉爽的低温环境对控制河蟹性早熟起重要作用。

七、预防疾病

科学研究表明，水草中的喜旱莲子草能较好地抑制细菌和病毒，河蟹摄食旱莲子草可防治一些疾病。

八、提高成活率

水草可以扩展立体空间，有利于疏散河蟹密度，防止和减少局部河蟹密度过大而发生格斗和残食现象，避免不必要的伤亡。另外，水草易使水体保持水体清新，增加水体透明度，稳定 pH 值使水体保持中性偏碱，有利于河蟹的蜕壳生长，提高河蟹的成活率。

九、提高品质

河蟹平时在水草上攀爬摄食易受阳光照射，有利于钙质的吸引沉积，促进蜕壳生长。另一方面，水草特别是优质水草，能促进河蟹的体表颜色与之相适应，提高品质，这就是为什么湖泊水库的河蟹有"金爪、黄毛、青壳、白肚"之美誉。再一个方面河蟹常在水草上活动，能避免长时间在底泥或洞穴中栖居，而造成的河蟹体色灰暗的现象，使河蟹的体色更光亮，更有市场竞争力。

十、有效防逃

水草较多的地方，常常富积大量的河蟹喜食的鱼、虾、贝、藻等鲜活饵料，使它们产生安全舒适的家的感觉，一般很少逃逸。因此蟹池种植丰富优质的水草，是防止河蟹逃跑的有效措施。

十一、消浪护坡

种植水草，对河蟹池塘具有消浪护坡的功能，防止池埂坍塌。

第二节　种草技术

一、种草环境

　　养殖河蟹的水域包括池塘、低洼田以及大水面的湖汊，要求水草分布均匀，种类搭配适当，沉水性、浮水性、挺水性水草要合理，水草种植最大面积不超过 2/3，其中沉水处种沉水植物及一部分浮叶植物，浅水区为挺水植物。

二、品种选择与搭配

　　（1）根据河蟹对水草利用的优越性，确定移植水草的种类和数量，一般以沉水植物和挺水植物为主，浮叶和漂浮植物为辅。

　　（2）根据河蟹的食性移植水草，可多栽培一些河蟹喜食的苦草、轮叶黑藻、金鱼藻，其他品种水草适当少移植，起到调节互补作用，这对改善池塘水质、增加水中溶氧、提高水体透明度有很好的作用。

　　（3）一般情况下，养殖河蟹不论采取哪种养殖类型，池塘中水草覆盖率都应该保持在 50％左右，水草品种在两种以上。

三、种植类型

1. 池塘或稻田型

可选择伊乐藻、苦草、轮叶黑藻。三者的栽种比例是伊乐藻早期覆盖率应控制在 20％左右，苦草覆盖率应控制在 20％～30％，轮叶黑藻的覆盖率控制在 40％～50％。三者的栽种时间次序为伊乐藻—苦草—轮叶黑藻。三者的作用是伊乐藻为早期过渡性和食用水草，苦草为食用和隐藏性水草，轮叶黑藻则作为池塘或稻田养殖类型的主打水草。注意事项是：伊乐藻要在冬春季播种，高温期到来时，将伊乐藻草头割去，仅留根部以上 10 厘米左右；苦草种子要分期分批播种，错开生长期，防止遭河蟹一次性破坏；轮叶黑藻可以长期供应。

2. 河道或湖泊型

在这种类型中以金鱼藻或轮叶黑藻为主，苦草、伊乐藻为辅。金鱼藻或轮叶黑藻种植在浅水与深水交汇处，水草覆盖率控制在 40％～50％。苦草种植在浅水处，覆盖率控制在 10％左右。伊乐藻覆盖率控制在 20％左右。不论哪种水草，都以不出水面、不影响风浪为好。

四、栽培技术

1. 栽插法

适用于带茎水草，这种方法一般在河蟹放养之前进行。首先浅灌池水，将伊乐藻、轮叶黑藻、金鱼藻、筏筏草、水花生等带茎水草切成小段，长度 20～25 厘米，然后像插秧一样，均匀地插入池底。我们在生产中摸索到一个小技巧，就是可以简化处理，先用刀将带茎水草切成需要的长度，然后均匀地撒在塘中，塘里保留 5 厘米左右的水位，用脚或用带叉形的棍子用力踩或插入泥中即可。

2. 抛入法

适用于浮叶植物，先将塘里的水位降至合适的位置，然后将莲、菱、荇菜、莼菜、芡实、苦草等的根部取出，露出叶芽，用软泥包紧根后直接抛入池中，使其根茎能生长在底泥中、叶能漂浮水面即可。

3. 播种法

适用于种子发达的水草，目前最为常用的就是苦草了。播种时水位控制在 15 厘米，先将苦草籽用水浸泡 1 天，将细小的种子搓出来，然后加入 10 倍的细沙壤土，与种子拌匀后直接撒播，为了将种子能均匀地撒开，沙壤土要保持略干为好。每亩水面用苦草种子 30～50 克。

4. 移栽法

适用于挺水植物，先将池塘降水至适宜水位，将蒲草、芦苇、茭白、慈姑等连根挖起，最好带上部分原池中的泥土，移栽前要去掉伤叶及纤细劣质的秧苗，移栽位置可在池边的浅滩处或者池中的小高地上，要求秧苗根部入水 10～20 厘米，进水后，整个植株不能长期浸泡在水中，密度为每亩 45 棵左右。

5. 培育法

适用于浮叶植物，这类植物根比较纤细，主要有瓢莎、青萍、浮萍、水葫芦等，在池中用竹竿、草绳等隔一角落，也可以用草框将浮叶植物围在一起，进行培育。

五、栽培小技巧

一是水草在蟹池中的分布要均匀，不宜一片多一片少。

二是水草种类不能单一，最好使挺水性、漂浮性及沉水性水草合理分布，保持相应的比例，以适应河蟹多方位的需求，沉水植物为河蟹提供栖息场所，漂浮植物为河蟹提供饵料，挺水植物主要起护坡作用。

三是无论何种水草都要保证不能覆盖整个池面，至少留有池面 1/2 作为河蟹自由活动的空间。

四是栽种水草主要在蟹种放养前进行，如果需要也可在养殖过程中随时补栽。补栽时的水草应随取随栽，

决不能在岸上搁置过久，影响成活。在栽培中要注意的
是判断池中是否需要栽种水草，应根据具体情况来确定。

第三节　不同水草的种植方式

水生植物的种类很多，分布较广，在养蟹池中，适
合河蟹需要的种类主要有苦草、轮叶黑藻、金鱼藻、水
花生、浮萍、伊乐藻、眼子菜、青萍、槐叶萍、满江红、
簀藻、水车前、空心菜等。下面简要介绍几种常用水草
的特性和它们的种植方式。

一、伊乐藻的种植

1. 伊乐藻的特性

伊乐藻是从日本引进的一种水草，原产美洲，是一
种优质、速生、高产的沉水植物。它的叶片较小，不耐
高温，只要水面无冰即可栽培，水温5℃以上即可萌发，
10℃时即开始生长，15℃时生长速度快，当水温达30℃
以上时，生长明显减弱，藻叶发黄，部分植株顶端会发
生枯萎。对水质要求很高，非常适应河蟹的生长，河蟹
在水草上部游动时，身体非常干净，符合优质蟹"白肚"
的要求。伊乐藻具有鲜、嫩、脆的特点，是河蟹优良的
天然饲料。在长江流域通常以4～5月份和10～11月份
生物量达最高。

2. 栽前准备

池塘清整：排水干池，每亩用生石灰 150～200 千克化水趁热全池泼洒，清野除杂，并让池底充分冻晒半个月，同时做好池塘的修复整理工作。

注水施肥：栽培前 5～7 天，注水 30 厘米左右深，进水口用 60 目筛绢进行过滤，每亩施腐熟粪肥 300～500 千克，既可作为栽培伊乐藻的基肥，又可培肥水质。

3. 栽培时间

根据伊乐藻的生理特征以及生产实践的需要，建议栽培时间宜在 11 月份至次年 1 月中旬，气温 5℃ 以上即可生长。

4. 栽培方法

沉栽法：每亩用 15～25 千克的伊乐藻种株，将种株切成 20～25 厘米长的段，每 4～5 段为 1 束，在每束种株的基部粘上有一定黏度的软泥团，撒播于池中，泥团可以带动种株下沉着底，并能很快扎根在泥中。

插栽法：每亩的用量与处理方法同上，然后像插秧一样插栽，栽培时栽得宜少，但距离要拉大，株行距为 1 米×1.5 米。插入泥中 3～5 厘米，泥上留 15～20 厘米，栽插初期保持水位以插入伊乐藻刚好没头为宜，待水草长满后逐步提高水位。种植时要留 2～3 米的空白带，使蟹池形成"十"字形或"井"字形无草区，便于鱼、蟹活动，避免水草布满全池，影响水流。如果伊乐藻一把把地种在水里，会导致植株成团生长，由于河蟹爱吃伊乐藻的根茎，河蟹一夹就会断根漂浮而死亡，在栽培时要注意防止这种现象的发生。

踩栽法：伊乐藻生命力较强，在池塘中种株着泥即可成活。每亩的用量与处理方法同上，把它们均匀撒在塘中，水位保持在 5 厘米左右，然后用脚轻轻踩一踩，使它们粘着泥就可以了，10 天后加水。

5. 管理

水位调节：伊乐藻宜栽种在水位较浅处，栽种后 10 天就能生出新根和嫩芽，3 月底就能形成优势种群。平时可按照逐渐增加水位的方法加深池水，至盛夏水位加至最深。一般情况下，可按照"春浅、夏满、秋适中"的原则调节水位。

投施肥料：在施好基肥的前提下，还应根据池塘的肥力情况适量追施肥料，以保持伊乐藻的生长优势。

控温：伊乐藻耐寒不耐热，高温天气会断根死亡，后期必须控制水温，以免伊乐藻死亡导致大面积水体污染。

控高：伊乐藻有一个特性就是当它一旦露出水面后，就会折断而导致死亡，败坏水质，因此不要让它疯长，方法是在 5～6 月份不要加水太高，应慢慢地控制在 60～70 厘米，当 7 月份水温达到 30℃伊乐藻不再生长时再加水位到 120 厘米。

二、苦草的种植

苦草是目前我国池塘养蟹最主要的水草资源。在蟹池中种植苦草有利于观察河蟹摄食饵料，监控水质。

1. 苦草的特性

苦草是典型的沉水植物，高40～80厘米。地下根茎横生。茎方形，被柔毛。叶纸质，卵形，对生，叶片长3～7厘米，宽2～4厘米，先端短尖，基部钝锯齿。苦草喜温暖，耐荫蔽，对土壤要求不严，野生植株多生长在林下山坡、溪旁和沟边。含较多营养成分，具有很强的水质净化能力，在我国广泛分布于河流、湖泊等水域，分布区水深一般不超过2米，在透明度大、淤泥深厚、水流缓慢的水域，苦草生长良好。3～4月份，水温升至15℃以上时，苦草的球茎或种子开始萌芽生长。在水温18～22℃时，经4～5天发芽，约15天出苗率可达98%以上。苦草在水底分布蔓延的速度很快，通常1株苦草1年可形成1～3平方米的群丛。6～7月份是苦草分蘖生长的旺盛期，9月底至10月初达最大生物量，10月中旬以后分蘖逐渐停止，生长进入衰老期。

2. 栽种前准备

池塘清整：排水干池，每亩用生石灰150～200千克化水趁热全池泼洒，清野除杂，并让池底充分冻晒半个月，同时做好池塘的修复整理工作。

注水施肥：栽培前5～7天，注水30厘米左右深，进水口用60目筛绢进行过滤，每亩施草皮泥、人畜粪尿与磷肥混合至1000～1500千克作基肥，和土壤充分拌匀待播种，既作为栽培苦草的基肥，又可培肥水质。

草种选择：选用的苦草种应子粒饱满、光泽度好，呈黑色或黑褐色，长度2毫米以上，最大直径不小于0.3毫米，以天然野生苦草的种子为好，可提高子一代的分蘖能力。

浸种：选择晴朗天气晒种1～2天，播种前，用池塘清水浸种12小时。

3. 栽种时间

有冬季种植和春季种植两种。冬季播种时常常用干播法，应利用池塘晒塘的时机，将苦草种子撒于池底，并用耙耙匀；春季种植时常常用湿播法，应用潮湿的泥团包裹草子扔在池塘底部即可。

4. 栽种方法

播种：播种期在4月底至5月上旬，当水温回升至15℃以上时播种，用种量15～30克/亩。播种前向池中加新水3～5厘米深，最深不超过20厘米。选择晴天晒种1～2天，然后浸种12小时，捞出后搓出果实内的种子。将种子与细土（按1∶10）混合撒播，采条播或间播均可。下种后薄盖一层草皮泥，并盖草，淋水保湿以利于种子发芽。在正常温度18℃以上，播种后10～15天即可发芽。幼苗出土后可揭去覆盖物。

插条：选苦草的茎枝顶梢，具2~3节，长10~15厘米作插穗。在3~4份月或7~8月份按株行距20厘米×20厘米斜插。一般约1周即可长根，成活率达80%~90%。

移栽：当苗具有两对真叶，高7~10厘米时移植最好。定植密度株行距为25厘米×30厘米或26厘米×33厘米。定植地每亩施基肥2500千克，用草皮泥、人畜粪尿、钙镁磷混合混料最好。还可以采用水稻"抛秧法"将苦草秧抛在养蟹水域。

5. 管理

水位控制：种植苦草时前期水位不宜太高，太高了会使草子漂浮起来而不能发芽生根。6月中旬以前，池塘水位控制在20厘米以下，6月下旬水位加至30厘米左右，此时苦草已基本满塘，7月中旬水深加至60~80厘米，8月初可加至100~120厘米。

密度控制：如果水草过密时，要及时去头处理，以达到搅动水体、控制长势、减少缺氧的作用。

肥度控制：分期追肥4~5次，生长前期每亩可施稀粪尿水500~800千克，后期可施氮、磷、钾复合肥或尿素。

捞残草：经常把漂在水面的残草捞出池外，以免破坏水质，影响池底水草光合作用。

三、轮叶黑藻的种植

1. 轮叶黑藻的特性

轮叶黑藻是多年生沉水植物，茎直立细长，长 50～80 厘米，叶带状披针形，广布于池塘、湖泊和水沟中。冬季为休眠期，水温 10℃ 以上时，芽苞开始萌发生长，前端生长点顶出其上的沉积物，茎叶见光呈绿色，同时随着芽苞的伸长在基部叶腋处萌生出不定根，形成新的植株。待植株长成又可以断枝再植。轮叶黑藻可移植也可播种，栽种方便，并且枝茎被河蟹夹断后还能正常生根长成新植株，不会对水质造成不良影响。因此，轮叶黑藻是河蟹养殖水域中极佳的水草种植品种。

2. 栽前准备

池塘清整：排水干池，每亩用生石灰 150～200 千克化水趁热全池泼洒，清野除杂，并让池底充分冻晒半个月，同时做好池塘的修复整理工作。

注水施肥：栽培前 5～7 天，注水 30 厘米左右深，进水口用 60 目筛绢进行过滤，每亩施粪肥 400 千克作基肥。

3. 栽培时间

大约在 6 月中旬为宜。

4. 栽培方法

移栽：将鱼池留 10 厘米的淤泥，注水至刚没泥。将轮叶黑藻的茎切成 15～20 厘米小段，然后像插秧一样，将其均匀地插入泥中，株行距为 20 厘米×30 厘米。苗种应随取随栽，不宜久晒，一般每亩用种株 50～70 千克。轮叶黑藻再生能力强，生长期长，适应性强，生长快，产量高，利用率也较高，最适宜在蟹池种植。

枝尖插杆插植：轮叶黑藻有须状不定根，在每年的 4～8 月份处于营养生长阶段，枝尖插植 3 天后就能生根，形成新的植株。

营养体移栽繁殖：一般在谷雨前后，将池塘水排干，留底泥 10～15 厘米，将长至 15 厘米的轮叶黑藻切成长 8 厘米左右的段节，每亩按 30～50 厘米均匀泼洒，使茎节部分浸入泥中，再将池塘水加至 15 厘米深。约 20 天后全池都覆盖着新生的轮叶黑藻，可将水加至 30 厘米，以后逐步加深池水，不使水草露出水面。

芽苞种植：每年的 12 月到翌年的 3 月是轮叶黑藻芽苞的播种期，应选择晴天播种，播种前池水加注新水 10 厘米，每亩用种 500～1000 克，播种时应按行、株距各 50 厘米将芽苞 3～5 粒插入泥中，或者拌泥沙撒播。当水温升至 15℃时，5～10 天开始发芽，出苗率可达 95％。

四、金鱼藻的种植

1. 金鱼藻的特性

金鱼藻是沉水性多年生水草，全株深绿色。长 20～40 厘米，群生于淡水池塘、水沟、稳水小河、温泉流水及水库中，是河蟹的极好饲料。

2. 金鱼藻的栽种

金鱼藻宜在蟹种放养之前进行，移栽时间在 4 月中下旬，或当地水温稳定通过 11℃ 即可。首先浅灌池水，将金鱼藻切成小段，长度 10～15 厘米，然后像插秧一样均匀地插入池底，亩栽 10～15 千克。

还有一种栽草方法是深水栽种，水深 1.2～1.5 米时，金鱼草藻的长度留 1.2 米；水深 0.5～0.6 米时，草茎留 0.5 米。准备一些手指粗细的棍子，棍子长短视水深浅而定，以齐水面为宜。在棍子入土的一端离 10 厘米处用橡皮筋绑上 3～4 根金鱼藻，每蓬嫩头不超过 10 个，分级排放。移栽时按深水区稀、浅水区密，肥水池稀、瘦水池密，急用则密、等用则稀的原则，一般栽插密度为深水区1.5米×1.5米栽 1 蓬，浅水区 1 米×1 米栽 1 蓬，依此类推。

五、空心菜的种植

土埂斜坡栽培法：在距池底 1.0～1.5 米的地带种植。先将该地带的土地翻耕 5～10 厘米，一般采用撒播方法，播前洒水，撒播后，将种子用细土覆盖，以后定期浇灌，以利于出苗。出苗后要定期施肥，以促进植株快速生长，施肥以鸡粪为好。气温升高时，空心菜生长旺盛，枝叶繁茂，随着水位上涨，其茎蔓及分枝会自然在水面及水中延伸，在池塘四周的水面形成空心菜的生态带。可以根据蟹池的需要控制其覆盖水面面积在20%～30%即可。

水面直接栽培法：空心菜长达20厘米左右时，节下就会生长出须根，这时剪下带须根的苗即可作为供蟹池栽培用的种苗。蟹池以空心菜植株长大后覆盖水面面积不超过30%为宜。若超过此面积时，可以作为蔬菜或青饲料及时采收。

六、菱的种植

菱是一年生草本水生植物，叶片非常扁平光滑，具有根系发达、茎蔓粗大、适应性强、抗高温的特点。菱角藤长绿叶子，茎为紫红色，开鲜艳的黄色小花。

用软泥包紧后，直接抛入泥中，使其根或茎能生长在底泥中，叶能漂浮水面，每年的3月份前后，也可在渠底或水沟中挖取菱的球茎，带泥抛入池中，让其生长。

七、茭白的种植

茭白为水生植物，株高1～2米，叶互生，性喜生长于浅水中，喜高温多湿，生育初期适温为15～20℃，嫩茎发育期为20～30℃。

宜栽在池塘的四周或浅滩处，栽种时应连根移栽，要求秧苗根部入水 10～12 厘米，每亩 30～50 棵即可。

八、瓢莎的培育

瓢莎是多年生漂浮植物，椭圆形粒状叶体，没有根和茎，长 0.5～8.0 毫米，宽 0.3～1.0 毫米，生长在小水塘、稻田、藕塘和静水沟渠等水体中。

可根据需要随时捞取，也可在池中用竹竿、草绳等隔一个角落进行培育。只要水中保持一定的肥度，瓢莎都可生长良好。若水中的肥度小，可用少量化肥，化水泼洒，促进其生长发育。

九、水花生的培育

水花生是挺水植物，水生或湿生多年生宿根性草本，茎长可达 1.5～2.5 米，其基部在水中匍生蔓延。原产于南美洲，我国长江流域各省水沟、水塘、湖泊均有野生。水花生适应性极强，喜湿耐寒，适应性强，抗寒能力也超过水葫芦和水雍菜等水生植物，能自然越冬，气温上升到 10℃时即可萌芽生长，最适气温为 22～32℃。5℃以下时水上部分枯萎，但水下茎仍能保留在水下不萎缩。

在移栽时用草绳把水花生捆在一起，形成一条条的水花生柱，平行放在池塘的四周。许多河蟹尤其是小老蟹会长期待在水花生下面，因此要经常翻动水花生，一是让水体能动起来，二是防止水花生的下面发臭，三是减少河蟹的隐蔽，促进生长。

十、水葫芦的培育

水葫芦是一种多年生宿根浮水草本植物，高约 0.3 米，在深绿色的叶下，有一个直立的椭圆形中空的葫芦状茎，因它浮于水面生长，又叫水浮莲。又因其在根与叶之间有一像葫芦状的大气泡所以称水葫芦。水葫芦茎叶悬垂于水上，蘖枝匍匐于水面。花为多棱喇叭状，花色艳丽美观。叶色翠绿偏深，叶全缘，光滑有质感。须根发达，分蘖繁殖快，管理粗放，是美化环境、净化水质的良好植物。喜欢在向阳、平静的水面，或潮湿肥沃的边坡生长。在日照时间长、温度高的条件下生长较快，受冰冻后叶茎枯黄。每年 4 月底 5 月初在历年的老根上发芽，至年底霜冻后休眠。水葫芦喜温，在 $0\sim40℃$ 的范围内均能生长，$13℃$ 以上开始繁殖，$20℃$ 以上生长加快，$25\sim32℃$ 生长最快，$35℃$ 以上生长减慢，$43℃$ 以上则逐渐死亡。

由于水葫芦对其生活的水面采取了野蛮的封锁策略，挡住阳光，导致水下植物得不到足够光照而死亡，破坏水下动物的食物链，导致水生动物死亡；此外，水葫芦还有富集重金属的能力，死后腐烂体沉入水底形成重金属高含量层，直接杀伤底栖生物，因此有专家将它列为有害生物。所以我们在养殖河蟹时，可以利用，但一定要掌握度，不可过量。

水葫芦在水质良好、气温适当、通风较好的条件下株高可长到 50 厘米，一般可长到 $20\sim30$ 厘米，可在池中用竹竿、草绳等隔一个角落进行培育。

第六章　河蟹的病害防治

第一节　病害原因

由于河蟹患病初期不易发现，一旦发现，病情就已经不轻，用药治疗作用较小，疾病不能及时治愈，大批死亡而使养殖者陷入困境；所以防治河蟹疾病要采取"预防为主、防重于治、全面预防、积极治疗"等措施，控制蟹病的发生和蔓延。

为了很好地掌握发病规律和防止蟹病的发生，首先必须了解发病的病因。河蟹发病原因比较复杂，既有外因也有内因，查找根源时，不应只考虑某一个因素，应该把外界因素和内在因素联系起来加以考虑，才能正确找出发病的原因。

一、环境因素

影响鱼类健康的环境因素主要有水温、水质等。

1. 水温

在正常情况下，河蟹体温随外界环境尤其是水体的水温变化而发生改变。当水温发生急剧变化时，机体由于适应能力不强而发生病理变化乃至死亡。例如蟹苗在入池时要求温差低于 $3℃$，否则会因温差过大而生病，甚至大批死亡。

2. 水质

为维护河蟹正常的生理活动，要求有适合生活的良好水环境。水质的好坏直接关系到河蟹的生长，影响水质变化的因素有水体的酸碱度（pH）、溶氧（D·O）、有机耗氧量（BOD）、透明度、氨氮含量及微生物等理化指标。在这些适宜的范围内，河蟹生长发育良好，一旦水质环境不良，就可能导致河蟹生病或死亡。

3. 化学物质

池水化学成分的变化往往与人们的生产活动、周围环境、水源、生物活动（鱼虾类、浮游生物、微生物等）、底质等有关。如鱼池长期不清塘，池底堆积大量没有分解的剩余饵料、水生动物粪便等，这些有机物在分解过程中，会大量消耗水中的溶解氧，同时还会放出硫化氢、沼气、碳酸气等有害气体，毒害河蟹。有些地方，土壤中重金属盐（铅、锌、汞等）含量较高，在这些地方修建鱼池，容易引起弯体病。工厂、矿山和城市排出的工业废水和生活污水日益增多，含有一些重金属毒物（铝、锌、汞）、硫化氢、氯化物等物质的废水如进入蟹池，重则可引起河蟹的大量死亡。

二、病原体侵袭

导致河蟹生病的病原体有真菌、细菌、病毒、原生动物等，这些病原体是影响河蟹健康的罪魁祸首。另外，还有些直接吞食或直接危害河蟹的敌害生物，如池塘内的青蛙会吞食软壳蟹，池塘里如果有乌鳢生存，对河蟹的危害极大。

三、自身因素

河蟹自身因素的好坏是抵御外来病原菌的重要因素，一尾自体健康的蟹能有效地预防部分鱼病的发生，软壳蟹对疾病的抵抗能力就要弱得多。

四、人为因素

1. 操作不慎

在饲养过程中，经常要给养蟹池换水、运输，有时会因操作不当或动作粗糙，导致碰伤河蟹，造成附肢缺损或自切损伤，这样很容易使病菌从伤口侵入，使河蟹感染患病。

2. 外部带入病原体

从自然界中捞取活饵、采集水草和投喂时，由于消毒、清洁工作不彻底，可能带入病原体。另外病蟹用过的工具未经消毒又用于无病蟹也能重复感染或交叉感染。

3. 饲喂不当

大规模养蟹基本上是靠人工投喂饲养，如果投喂不当，投食不清洁或变质的饲料，或饥或饱及长期投喂干饵料，饵料品种单一，饲料营养成分不足，缺乏动物性饵料和合理的蛋白质、维生素、微量元素等，就会使河蟹缺乏营养，造成体质衰弱，容易感染患病。当然投饵过多，投喂的饵料变质、腐败，易引起水质腐败，促进细菌繁衍，导致河蟹生病。

4. 环境调控不力

河蟹对水体的理化性质有一定的适应范围。如果单位水体内载蟹量太多，易导致生存的生态环境很恶劣，加上不及时换水，蟹和鱼的排泄物、分泌物过多，二氧化碳、氨氮增多，微生物滋生，蓝绿藻类浮游植物生长过多，都可使水质恶化、溶氧量降低、蟹发病。

5. 放养密度不当和混养比例不合理

合理的放养密度和混养比例能够增加蟹产量，但放养密度过大，会造成缺氧，并降低饵料利用率，引起河蟹的生长速度不一致，大小悬殊；同时由于蟹缺乏正常的活动空间，加之代谢物增多，会使其正常摄食生长受到影响，抵抗力下降，发病率增高。另外不同规格的蟹同池饲养，在饵料不足的情况下，易发生以大欺小和相互咬伤现象，造成较高的发病率。当然鱼、蟹类在混养时应注意比例和规格，如比例不当，不利于河蟹的生长。

6. 饲养池及进排水系统设计不合理

饲养池特别是其底部设计不合理时，不利于池中的残饵、污物的彻底排除，易引起水质恶化使蟹发病。进排水系统不独立，一池蟹发病往往也传播到另一池蟹发病。这种情况特别是在大面积精养时或水流池养殖时更要注意预防。

7. 消毒不够

蟹体、池水、食场、食物、工具等消毒不够，会使蟹的发病率大大增加。

第二节　河蟹疾病的预防治措施

河蟹疾病防治应本着"防重于治、防治相结合"的原则，贯彻"全面预防、积极治疗"的方针。目前常用的预防措施和方法有以下几点。

一、严格抓好苗种购买放养关

可由市水产技术推广站或联合当地有信誉的养殖大户，统一从湖库中组织高质量的河蟹亲本，送到有合作关系且信誉度较高的苗种生产厂家，专门培育优质大眼幼体，指导养殖户购买适宜苗种。严格进行种质鉴定和病情检测，放养的蟹种做到肢体健全，活动能力强，不带病原菌和寄生虫。鼓励养殖户坚持自育自养蟹种培育健康苗种，提高蟹种抗病能力。

二、做好蟹种的消毒工作

生产实践证明，即使是体质健壮的蟹种，或多或少也都带有各种病原菌。放养未经消毒处理的蟹种，容易把病原体带进池塘，一旦条件合适，便大量繁殖而引发疾病。因此，在放养前将蟹种浸洗消毒，是切断传播途径、控制或减少疾病蔓延的重要技术措施。在水温 5～8℃时，用高锰酸钾（$KMnO_4$）20 克/立方米浸洗 3～5 分钟，或用 3％～5％的食盐水溶液药浴消毒，用来杀灭河蟹体表上的寄生虫和细菌。

三、做好饵料的消毒工作

在河蟹养殖过程中，投喂不清洁或腐烂的饲料，有可能将致病菌带入池塘中，因此对饲料进行消毒，可以提高河蟹的抗病能力。青饲料如南瓜、马铃薯等要洗净切碎后方可投喂；配合饲料以 1 个月喂完为宜，不能有异味；小鱼小虾要新鲜投喂，时间过久，要用高锰酸钾消毒后方可投饲。

四、做好食场的消毒工作

投喂饲料的蟹池、食场内常有残余饵料，溶失于水体中饵料的腐烂为病原体的繁殖提供有利条件。因此，河蟹的食场消毒工作不能放松。一是泼洒漂白粉，用 250 克左右的漂白粉兑水，泼洒在食场周围，一般 4～9 月份，每月 2 次；二是用生石灰在食场周围泼洒消毒，每次用量为 10 千克／亩，既防止水质老化恶化，又促进河蟹蜕壳生长。同时要加强水源管理，杜绝循环水在养蟹中的应用；三是每天坚持巡塘查饵，经常清理回收未吃完的残食残渣。

五、消毒工具

在发病的蟹池中用过的工具，如桶、木瓢、斗箱、各种网具等必须消毒，其方法是小型工具放在较高浓度的生石灰或漂白粉溶液或 10 克／立方米的硫酸铜水溶液中浸泡 10 分钟；大型工具可放在太阳下晒干后使用。

六、对水草进行消毒

从湖泊、河流中捞回来的水草可能带有外来病菌和敌害，如克氏原螯虾、黄鳝等，这些一旦带入蟹池中将给河蟹的生长发育带来严重后果。因此，水草入池时需用 8～10 毫克／升的高锰酸钾消毒后方可入池。

七、定期对水体进行消毒

河蟹养殖用水一定要杜绝和防止引用工厂废水，要使用符合要求的水源。随着水温的不断升高，河蟹的摄食量大增，生长发育旺盛，而此时也正是病原体的生长繁殖旺盛季节，为了及时杀灭病菌，应定期对池塘水体进行消毒杀菌，每半月用 1 克／立方米的漂白粉或 15 千克／亩的生石灰全池遍洒 1 次。

八、加强饲养管理

河蟹生病，可以说大多数是由于饲养管理不当而引起的。所以加强饲养管理，改善水质环境，做好"四定"的投饲技术是防病的重要措施之一。

定质：在投饵时，要保证饲料新鲜清洁，不喂腐烂变质的饲料，尤其以全价配合饵料为佳，要求营养均衡，配比合理，组方科学，防止饵料质量差、品质次，切记投喂单一性饵料。

定量：根据不同季节、气候变化、河蟹食欲反应和水质情况适量投饵。

定时：投饲要有一定时间。

定点：设置固定饵料台，可以观察河蟹吃食，及时查看河蟹的摄食能力及有无病症，同时也方便对食场进行定期消毒。

九、利用生物净化手段，改良生态环境

在蟹种放养前积极培植水草，在浅水区种植空心草、水花生，在深水区移植苦草、聚草或移养水浮萍。水浮萍覆盖率占池塘总面积的 50% 左右，这既模拟了河蟹的自然生长环境，提供河蟹栖息、蜕壳、隐蔽场所，又能吸收水中不利于河蟹生长的氨、氮、硫化氢等，起到改善水质、抑止病原菌大量滋生、减少发病机会的作用。

在精养蟹池内推行鱼蟹混养、鱼蟹轮养、鱼虾蟹综

合养殖技术，适度套养滤食性鱼类如花白鲢和异育银鲫以摄食水中的藻类细菌、清除残饵和排泄物，有效地保持良好的水质。

十、水温控制

水温在河蟹的生长发育中占有重要位置，相对而言，在防病中也有一定的积极作用。河蟹的最佳生长水温为25℃左右，高温季节，河蟹会出现厌食，造成脱壳无力而引起死亡。蟹种培养中，有效积温是引起河蟹性早熟的重要原因之一，应采取微流水和提高水位的方式对水温加以一定的控制。

第三节　幼蟹病害的预防治

一、幼蟹病害的特点及防治措施

幼蟹在大水面培育中很少发生疾病，是因为一方面大水面的生态环境比较适合其生长需要而削弱了病害滋长寄生的机会；另一方面，即使有病发生，由于幼蟹体形较小、水面较大，人们也难以发现。但是在培育仔幼蟹时，由于人为因素，使河蟹的生态环境发生了变化，养殖密度大大提高，河蟹的活动范围受到了明显限制，加上有的育苗户饲养不当，管理不善等因素，因此幼蟹的发病率大大提高。当然，由于人工培育仔幼蟹水体面积较小，人为调控能力强，一旦发现或预知疾病发生，可以有效地预防与治疗，把损失减少到最小。

在培育蟹苗变态到 I 期幼蟹的几天里，由于池水很少交换，加上浮游生物的生长高峰期到来，水质容易恶化；而在幼蟹培育后期，培育池内大量投饵，幼蟹的排泄物、蜕下的甲壳和残饵大量存在，一时不易清除，在水体高温作用下，极易腐烂发臭，使池水变质，造成各种有害菌类和藻类大量繁殖，病原体大量滋生。因此这两个阶段是幼蟹疾病的高发时期。

幼蟹的蜕皮与蜕壳是生命活动过程中极其重要的环节，同时也是生命过程中极其脆弱的时候。当环境条件不适时，往往会造成蜕壳不遂而死亡。蜕壳后的"软壳蟹"，在 24 小时内活动能力很弱，往往遭受敌害威胁或同类的残食；另外"软壳蟹"的抗病能力较弱，也易染上传染性疾病。在进行仔幼蟹培育时，蟹苗的来源、品种、质量、淡化日龄往往也成为其致病与死亡的直接原因。因此，在购买时要慎重选择，正确地加以对比与鉴别。

在培育过程中，饲养管理与技术水平跟不上，幼蟹的投饵数量和质量没有保证，投饵没有规律，或大量投喂营养成分单调的饲料，幼蟹往往对这类饵料食用较少，经常处于半饥半饱状态，因此造成食欲不振，体质消瘦，降低了对病虫害的抵抗能力。而不恰当的投饲方法也易使大量残存饲料在水体里发酵变质，从而影响水质。

培育幼蟹时，防病的重点应放在蟹苗放养前及培育过程中。在大眼幼体入池前对养蟹的环境（培育池）进行生石灰带水消毒，用量为 0.15 千克/平方米，清池半个月后经试水无毒后才可以放入蟹苗；选购质量好、体质健壮、亲蟹个体大、品质正宗的中华绒螯蟹蟹苗；购苗及运输要小心操作；投放时确定合理的放养密度也是提高蟹苗成活率、减少疾病的有效措施之一，密度过高会增加仔幼蟹相互残杀和传染疾病的机会。在进入 I 期幼蟹后，培育池要定期更换池水，保持清新的水质和丰富的溶氧（溶氧量＞5 毫克/升），以减少发病的机会。在饵料投饲上，应严格按各期的摄食特点进行分期、分量、分级投喂高质量的饵料。

二、幼蟹的病害及其防治

1. 聚缩虫病

聚缩虫病是幼蟹培育中的主要疾病。患有聚缩虫的幼蟹，以Ⅲ期以后的幼蟹为多。

症状：病蟹白天常见于池边浅水区独立爬行，然后沿着防逃设施向上攀爬，其活动、摄食能力减弱，继而陆续死亡。经镜检解剖，发现病蟹的壳及鳃上寄生大量的聚缩虫。聚缩虫少量寄生时，对幼蟹生长无明显影响，严重寄生时，蟹的额部、步足、背壳及鳃部都布满寄生虫，影响幼蟹的活动和生长。幼蟹的活动表现为无力或瘫痪状态，呼吸微弱，病蟹一般在黎明前死亡较多。

防治方法：①放养蟹苗前，用生石灰彻底清洗培育池，平时多注意换水和注水，合理投饵，及时清除残饵，增强幼蟹自身的体质；②已经附着虫体的可用 0.1～0.25 毫克/升硫酸铜全池泼洒；③用 50 毫克/升的甲醛溶液或 30 毫克/升的新洁尔灭溶液或 35 毫克/升的制霉素全池泼洒；也可用 500 毫克/升的甲醛溶液浸泡杀死聚缩虫。使用上述浓度治疗时，必须密切注视病蟹的活动情况，发现不适，立即换水或放入大池，如果适应，最好在 18～24 小时后再换水；④目前认为幼蟹培育时密度过高以及培育后期池水过肥可能是聚缩虫病的诱发因子，因而建议放苗时密度合理，不要太高，保持水中有充足的溶氧；⑤河蟹蜕壳后 2 天，最好能换去 4/5 的水。

2. 累枝虫和钟形虫病

累枝虫和钟形虫都是营附着生活的纤毛虫。螺类、水草、水生昆虫以及鱼类都是这类纤毛虫的栖息场所，因此，此种蟹病在河蟹养殖上发病较多，在仔幼蟹培育上也比较常见。一般幼蟹体表，鳃及附肢上附生少量这类纤毛虫时，没有明显危害，幼蟹蜕壳时，附生在蟹壳上的纤毛虫随着蜕壳被弃掉。但是当蟹体大量着生这类纤毛虫时，特别是鳃上寄生太多时，呼吸系统受到影响，蟹体行动迟钝，不摄取饲料，导致身体瘦弱，行动艰难。由于纤毛虫的着生，严重地影响呼吸，幼蟹不摄食也不活动，贴在培育池边或跳板边上，也有的长时间攀爬在水草尖端，身体日益消瘦，致使蟹体达不到蜕壳后的正常增长水平，或临近蜕壳时，由于蟹体消瘦，无力挣脱蟹壳而死。

幼蟹患上这类纤毛虫病时，症状表现为：最初患病较轻时，只有个别病蟹匍匐贴在培育池边或水草上，不怕人，也不怕惊吓。身上固着许多黄绿或棕色的纤毛状物，行动非常迟钝，反应不敏锐。将病蟹取下放入池水中，幼蟹会缓慢地沉入水底，螯足僵硬无力，伸展困难。病情严重时，培育池防逃板四周和浅水区以及整个水草丛上随处可见病蟹，将之放入水中，则沉入池底，时间一长，就会死亡，刚死或死后不久的蟹体，在腹面手摸有滑腻感的黏液物。

防治方法：①用3毫克/升的硫酸锌全池泼洒，效果很好，12小时后换水；②用8毫克/升的 KMnO₄ 全池泼洒，8～12小时后再换水；③用50毫克/升的甲醛溶液或30毫克/升的新洁尔灭溶液全池泼洒，18～24小时后换水。

3. 水肿病

由于幼蟹培育池换水量少且换水周期长，消毒不力，导致池水过肥，水中含氧量及 pH 值降低。水温长期控制在 20℃左右时，在河蟹鳃表面长有许多肉眼看不见的绒毛状菌丝而感染为鳃水肿。

防治方法：①发现水肿病时，连续换水2次。②全池泼洒漂白粉2毫克/升。③全池泼洒生石灰20～25毫克/升。

4. 蜕壳不遂症

指幼蟹的头胸甲后缘与腹部交界处已出现裂口,但不能蜕去旧壳,导致死亡的现象。它可能与幼蟹蜕壳的必需物质如钙质、甲壳素、蜕皮素等浓度小有关。

防治方法:主要是在幼蟹池中经常加注新水,投放少量的石灰,在投饵时添加含钙丰富的物质如钙片等。为了增加饵料中的甲壳素和蜕皮素,在饲料中添加含钙丰富的蛋壳粉、见壳粉、骨粉、鱼粉等,或用甲壳动物的新鲜尸体捣碎后投入蟹池,能收到良好的效果。

5. 青苔

青苔是一种丝状绿藻总称,常见于仔幼蟹培育池中后期即Ⅳ～Ⅵ期。新萌发的青苔长成一缕缕绿色的细丝、矗立在水中,衰老的青苔成一团团乱丝,漂浮在水面上。青苔在池塘中生长速度很快,使池水急剧变瘦,对幼蟹活动和摄食都有不利影响;同时,培育池中青苔大量存在时,覆盖水表面,使底层幼蟹因缺氧窒息而死;青苔茂盛时,往往有许多幼蟹钻入里面而被缠住步足,不能活动而活活饿死。在生产实践中,若青苔较多,用捞海捞出时,可见里面有许多幼蟹被困死,即使有被缠住的幼蟹侥幸逃脱,也是缺胳膊少腿,使以后的正常活动与摄食受到了严重影响。

防治方法:①每立方米水体用生石膏粉80克,分3次均匀泼洒全池,每次间隔3～4天。如果幼蟹培育池中已出现较多的青苔时，用药量再增加 20 克，施药后加注新水 5～10 厘米，可提高防治能力。②用 $CuSO_4$ 杀死青苔，但浓度必须很低，通常浓度在 0.02～0.05 毫克/升，当达到 0.3 毫克/升时，幼蟹在 24 小时内虽然未死，但活动加强，急躁不安，当浓度达到 0.7 毫克/升时，幼蟹在 36 小时内全部死亡。③可分段用草木灰覆盖杀死青苔。

6. 鼠害

培育池的开挖常常在成蟹池或成鱼池中，这种鱼池中往往有不少水老鼠。在培育时常常危害仔幼蟹，主要表现为水老鼠进池吞食幼蟹，造成严重后果。

防治方法：①用磷化锌等鼠药放在池四周定期灭鼠。②平时巡塘时注意挖开鼠洞。③在仔幼蟹培育池边安放鼠笼、鼠夹、电猫等捕鼠工具。④在出池前几天，昼夜值班，重点防好鼠患及蛙害。

7. 蛙害

青蛙对蟹苗和仔幼蟹危害很大，据报道，有人曾解剖一只体长 3.5 厘米的小青蛙，胃内竟有 10 只小幼蟹，最多的一只青蛙中竟吞食幼蟹 221 只。

防治方法：在放养蟹苗前，供水沟渠中彻底清除蛙卵和蝌蚪；培育池四周设置防蛙网，防止青蛙跳入池中；如果青蛙已经入池，则需及时捕杀。

8. 水蜈蚣

亦称水夹子，是龙虱的幼体，对幼蟹苗和第一期幼蟹危害极大。

防治方法：在放养蟹苗前，将池底及四周彻底清洗消毒，过滤进水，杜绝水蜈蚣来源。如果池中已发现水蜈蚣，可在夜间用灯光诱捕，用特制的小捞网捕杀。

第四节　河蟹幼蟹至成蟹阶段的病虫害防治

一、黑鳃病

病原病因：由细菌引起。成蟹养殖后期，水质恶化，是诱发该病的主要原因。

症状特征：初期病蟹部分鳃丝变暗褐色，随着病情的发展，全部变为黑色。病蟹行动迟缓，呼吸困难，出现叹气状。

流行特点：主要流行季节为夏、秋季。

危害情况：

(1) 主要危害成蟹，常发生于成蟹养殖后期。

(2) 发病率 10%～20%，死亡率较高。

预防措施：

(1) 保持水质清洁，夏季要经常加注新水。

(2) 发病季节每半月用芳草蟹平、芳草灭菌净水威或芳草灭菌净水液全池泼洒 1 次。

治疗方法：外用芳草蟹平全池泼洒，同时内服烂鳃灵散＋三黄粉＋芳草多维，连用3～5 天。

二、蟹奴

病原病因：蟹奴寄生。

症状特征：蟹奴幼虫钻进河蟹腹部刚毛的基部，生长出根状物，遍布蟹体外部，并蔓延到内部的一些器官，以吸收河蟹的体液作为营养物质。被蟹奴大量寄生的河蟹，其肉味恶臭，不能食用，被称为"臭虫蟹"。

流行特点：

（1）在全国河蟹养殖区均有感染。

（2）从 7 月开始发病率逐月上升，9 月达到高峰，10 月份后逐渐下降。

（3）如果将已经感染蟹奴的河蟹移至淡水（或海水）中饲养，蟹奴只形成内体和外体，不能繁殖幼体继续感染。

危害情况：

（1）在滩涂养殖的河蟹发病率特别高。

（2）在同一水体中，雌蟹的感染率大于雄蟹。

（3）一般不会引起河蟹大批死亡，但影响河蟹的生长，使河蟹失去生殖能力，严重感染的蟹肉有特殊味道，失去食用价值。

预防措施：

（1）用漂白粉、敌百虫、福尔马林等在投放幼蟹前严格清塘，杀灭蟹奴幼虫。

（2）在蟹池中混养一定数量的鲤鱼，利用鲤鱼吞食蟹奴幼虫。

治疗方法：

（1）经常检查蟹体，发现病蟹立即取出。

（2）用 0.7 毫克/升硫酸铜和硫酸亚铁（5∶2）合剂泼洒全池消毒。

（3）用 10％的食盐水浸洗 5 分钟，可以杀死蟹奴。

三、纤毛虫病

病原病因：病原是纤毛动物门、缘毛目、固着亚目的许多种类，其中对蟹形成病害的主要有聚缩虫，此外还有钟虫、单缩虫、累枝虫，腹管虫和间隙虫也是其病原之一。池水过肥，长期不换水，是导致该病发生的原因。

症状特征：纤毛虫在河蟹幼体上寄生时，常分布在头胸部、腹部等处，抱卵蟹的卵粒上纤毛虫也可寄生，但很少见附肢上寄生者。幼体被寄生的病蟹全身披黄绿色或棕色。蟹幼体正常活动受到影响，摄食量减少，呼吸受阻，蜕皮困难，引起幼体的大量死亡。成体病蟹鳃部、头胸部、腹部和 4 对步足附生大量纤毛虫，导致死亡。

流行特点：

（1）流行水温在 18～20℃时极易发生。

（2）我国河蟹养殖区都有此病发现。

（3）危害河蟹幼体及成蟹，幼蟹尤易患此病。

危害情况:

(1) 对幼苗池的河蟹幼体危害较大,一旦纤毛虫随水流进入育苗池,即会很快在池中繁殖,造成幼体的大量死亡。

(2) 病蟹一般黎明前后死亡。

(3) 成蟹受此病感染,即使不死亡,也会影响其商品价值。

预防措施:

(1) 保持合适的放养密度。

(2) 经常更换新水,保持水质清洁,并投喂营养丰富的饲料,促进蜕壳。

(3) 在蟹种入池前,用 5% 的食盐水浸洗河蟹 5 分钟。

治疗方法:

(1) 排除旧水,加注新水,每次更换 1/3 水量,每 667 平方米每次泼洒生石灰 15 千克,连续 3 次,使池水透明度在 40 厘米以上。

(2) 用 0.5%~1.25% 福尔马林浸洗病蟹 1~2 小时。

(3) 用 5~10 毫克/升的福尔马林全池泼洒 1~2 次。

(4) 虾蟹平 500 克/(亩·米)或芳草纤灭 50 克/(亩·米),连用 3 天;3 天后全池泼洒 1 次芳草菌敌 200 克/(亩·米)。

(5) 内服虾蟹蜕壳平 500~750 克/100 千克饲料,以促进蜕壳。

(6) 在水温 23~25℃ 时用 5% 的新洁尔灭原液稀释

为 0.67％的药液浸浴，30～40 分钟可以杀死大部分幼体身上的纤毛虫。

四、水霉病

病原病因：病原为水霉。因运输或病害发生使蟹受伤，水霉孢子侵入造成。

症状特征：河蟹受伤，伤口周围生有霉状物，蟹卵表面或病蟹体表和附肢上，尤其是伤口上出现灰白色棉絮状病灶，伤口部位组织溃疡，病蟹行动迟缓，食欲减退身体瘦弱，蜕壳困难而死亡。

流行特点：

(1) 从蟹卵、幼体到成蟹均会被该病感染。

(2) 任何养蟹地区均可发生。

危害情况：

(1) 发病率较高，影响河蟹生长和存活。

(2) 蟹卵与幼体发病易造成大量死亡。

预防措施：

(1) 在捕捞、运输、放养过程中应谨慎操作，勿使河蟹受伤。

(2) 在河蟹蜕壳前，增投一些动物性饲料，促使其蜕壳。

(3) 育苗期间，要保护水质的清晰，注意保温。

治疗方法：

(1) 用 3％食盐溶液浸洗 5～10 分钟。

(2) 全池泼洒水霉净，1 袋（亩·米），连用 3 天。

五、水肿病

病原病因：河蟹腹部受伤被病原菌寄生而引起。

症状特征：病蟹肛门红肿、腹部、腹脐以及背壳下方肿大呈透明状，病蟹匍匐池边，活动迟钝或不动，拒食，最终在池边浅水处死亡。

流行特点：

（1）夏、秋季为其主要流行季节。

（2）主要流行温度是 24～28℃。

危害情况：

（1）主要危害幼、成蟹。

（2）发病率虽不高，但受感染的蟹死亡率可达 60％以上。

预防措施：

（1）在养殖过程中，尤其是在河蟹蜕壳时，尽量减少对它们的惊扰，以免受伤。

（2）夏季经常向蟹池添加新水，投放生石灰（每 667平方米每次用 10 千克），连续 3 次。

（3）多投喂鲜活饲料和新鲜植物性饵料。

治疗方法：

（1）用菌必清或芳草蟹平全池泼洒，同时内服鱼病康散或芳草菌灵。

（2）饲料中添加含钙丰富的物质（如麦粉，贝壳粉），增加动物性饲料的比例（可捣碎甲壳动物的新鲜尸体，投入蟹池），一般 3～5 天后收到良好的效果。

六、颤抖病

别名：抖抖病

病原病因：该病可能由病毒和细菌引起，不洁、较肥、污染较大的水质以及河蟹种质混杂或近亲繁殖，放养密度过，规格不整齐，河蟹营养摄取不均衡等，易发此病。

症状特征：在发病初期，病蟹食欲减弱，摄食减少或基本不摄食，行动缓慢，活动能力差，白天贴泥栖息或打洞穴居，晚上在水边慢慢爬行或挺立草头；病症严重的河蟹在晚上用步足腾空支撑整个身躯趴在岸边或挺立在水草头上直至黎明，甚至白天也不肯下水，口吐泡沫，见了动静反应迟钝；步足无力，大部分河蟹步足爪尖呈红色，极易从底节处脱落，而且步足肌肉较软，弹性强，蟹农称之为"弹簧爪"；检查蟹体，可见蟹体基本洁净，身体枯黄，鳃丝颜色呈棕黄色，少部分伴随黑鳃、烂鳃等病灶，前肠一般有食，死蟹食量较少，大部分死蟹躯壳较硬，唯有前侧齿处呈黏连状、较软，在头胸甲与腹部连接处出现裂痕，无力蜕壳或蜕出部分蟹壳而死亡，少部分河蟹刚蜕壳后，甲壳尚未钙化时就死亡，一般并发纤毛虫、烂鳃、黑鳃、肠炎、肝坏死及腹水病。

流行特点：

(1) 该病流行季节长，通常在 5～10 月上旬，其中 8～10 月是发病高峰季节。

(2) 流行水温为 25～35℃。

（3）沿长江地区，特别是江苏、浙江等省流行严重。

危害情况：

（1）病蟹死亡率高、对药物敏感性高。

（2）主要危害 2 龄幼蟹和成蟹，当年养成的蟹一般发病率较低。

（3）发病蟹体重为 3～120 克，100 克以上的蟹发病最高。

（4）一般发病率可达 30％以上，死亡率达80％～100％。

（5）从发病到死亡往往只需 3～4 天。

预防措施：

（1）苗种预防，切断传染源。蟹农在购买苗种时，既不要在病害重灾区购买大眼幼体、扣蟹，也不要在作坊式的小型生产场家购苗；养殖户要尽量购买适合本地养殖的蟹种，最好自培自育一龄扣蟹，放养的蟹种应选择肢体健壮、活动能力强、不带病原体及寄生虫的蟹种；同一水体中最好一次性放足同一规格同一来源的蟹种，杜绝多品种、多规格、多渠道的蟹种混养，以减少相互感染的几率；蟹种入池时要严格消毒，可用 3％～5％的食盐水溶液消毒 5 分钟或浓度为 15 毫克/升的福尔马林溶液浸洗 15 分钟。

（2）将养蟹的池塘进行技术改造，使进排水实现两套渠道，互不混杂，确保水质清新无污染；每年成蟹捕捞结束后，清除淤泥，并用生石灰彻底清塘消毒，用量为 100 千克/亩，化水后趁热全池泼洒，以杀灭野杂鱼、细菌、病毒、寄生虫及其卵茧，并充分暴晒池底，促进池底的有机物矿化分解，改良池塘底质，也可提供钙离子，促进河蟹顺利蜕壳，快速生长。

（3）池塘需移植较多的水生植物如苦草、菹草、柞草、水花生、水葫芦、紫背浮萍等。

（4）积极推行生态养蟹措施，推广稻田养蟹、茭白养蟹、莲田养蟹、种草养蟹的技术，营造适应河蟹生长的生态因子，利用生物间相互作用预防蟹病；在精养池塘内推行鱼蟹混养、鱼蟹轮养、鱼虾蟹综合养殖技术，合理放养密度，适当降低河蟹产量，以减轻池塘的生物负载力，减少河蟹自身对其生存环境的影响和破坏；适度套养滤食性鱼类如花白鲢和异育银鲫，以清除残饵，净化水质。

（5）在精养池中投放一定量的光合细菌，使其在池塘中充分生长并形成优势种群。光合细菌可以促进分解、矿化有机废物，降低水体中 H_2S、NH_3 等有害物质的浓度，澄清水质，保持水体清新鲜嫩；光合细菌还能有效地促进有益微生物的生长发育，利用生物间的拮抗作用来抑制病原微生物的生长发育而达到预防蟹病的效果。

（6）饲料生产场家在生产优质、高效、全价的配合饲料时，不但要合理营养配比，而且要科学组方营养元素，并根据河蟹不同生长阶段、各种水体的养殖模式、水域的环境而采取不同的微量元素添加方法，满足河蟹生长过程中对各种营养元素和各种微量元素的需求，确保在饲料上能起到增强体质、提高抗病免疫能力的作用；

在投饲时要注意保证饲料新鲜适口，不投腐败变质饲料，并及时清除残饵，减少饲料溶失对水体的污染；合理投喂，正确掌握"四定"和"四看"的投饲技术，充分满足河蟹各生长阶段的营养需求，增强机体免疫力。

治疗方法：

（1）定期用芳草蟹平或菌必清全池泼洒消毒。

（2）外用芳草蟹平全池泼洒，连用 3 天，同时内服芳草菌威和三黄粉，连用 5～7 天。病症消失后再用 1 个疗程，以巩固疗效。

（3）菌必清全池泼洒，隔天再用 1 次，同时内服芳草菌威和三黄粉，连用 5～7 天。病症消失后再用 1 个疗程，以巩固疗效。

七、步足溃疡病

别名：烂肢病

病症：步足出现橘红色或棕黑色斑块，表壳组织溃疡下凹，并向壳内组织发展形成洞穴状，严重时步足的指节和其他节烂掉，头胸部、背腹面出现棕红色小孔，鳃丝发黑，活动迟缓，拒食或因无法脱壳而死亡。

防治方法：

（1）运输、放养操作要轻，减少机械损伤，放养前用 5～10 分钟。

（2）1 毫克/升的土霉素或呋喃西林全池泼洒。

（3）每千克饲料加 3～6 克土霉素和磺胺类药制成药饵投喂，7～10 天为 1 个疗程。

第七章　河蟹养殖中几种特殊
情况的处理

第一节　仔幼蟹爬岸不下水现象的处理

一、上岸现象

在培育仔幼蟹时，有不少养殖户发现，Ⅱ～Ⅴ期幼蟹沿培育池四周爬上岸不下水，并随后大批死亡的现象。爬上来时总是先少后多，将上岸后的幼蟹放入水中仍见其爬上来，就是不入池。不入池的蟹会因鳃部失水而死亡，被强迫下水的蟹也会在水中窒息死亡。经镜检后未发现疾病。严重时，刚入池的大眼幼体也会发生这种情况，大眼幼体死后变成白色的尸体密密麻麻散布在池壁四周，人们形象地称之为"种白芝麻"。幼蟹爬上岸的时间主要发生在晚上至天亮尤其是黎明前更多。幼蟹开始急躁不安，到处爬动，至凌晨4～5时最为严重，天亮太阳出来后，大部分幼蟹会自动爬进池内，但仍然聚集在水草上，久不入水的幼蟹会很快失水而死亡，死亡时身体干枯、黄褐色。此病最先在辽宁发现，后来在全国各地培育池中均普遍发生，而且死亡率高达95％以上，给养殖户带来惨重的损失。据分析，这可能是由于水质变坏、细菌侵袭和渗透压失调而引起的。

二、上岸原因

河蟹上岸症的发病原因主要有以下几点：

1. 大眼幼体本身质量不好

人工繁殖时通过近亲交配繁殖及长期高温强化培育、出苗时淡化浓度不到位，导致其自身抗病能力减弱，再加上有些苗种本身带菌，一旦水质环境差，极易暴发河蟹上岸症。

2. 病害预防意识差

在大眼幼体变态成Ⅰ～Ⅱ期之间，水温在16～22℃，而此时正是聚缩虫等寄生虫繁殖的最佳温度，大量的聚缩虫寄生在幼蟹鳃部，导致幼蟹呼吸不畅，纷纷上岸死亡。

3. 水质环境恶劣

特别是水中pH值偏高或偏低，氨氮及亚硝酸盐含量都严重超标，水中有害细菌大量繁殖。

4. 投饵量过多

在高温影响下，极易腐烂变质，败坏水质，影响河蟹栖息环境，导致幼蟹在Ⅱ期前后上岸不下水，严重者在大眼幼体就爬上岸。

5. 培育池中水温较高

一方面促使河蟹快速蜕壳，另一方面也促进病原细菌快速繁殖并侵入河蟹体内，造成幼蟹呼吸困难以及体内不适应而上岸或在水中死亡。

上述这五种情况相互作用，造成幼蟹发上岸症。

三、科学处理

对于该病，具体处理方法如下：

1. 诊断病因，对症治疗

如果是聚缩虫等寄生虫感染时，可用浓度为 0.25～0.4 毫克/升的硫酸铜全池泼洒；如果是细菌感染，则应采取以下措施处理：

（1）立即处理水质，及时换冲预热水，同时加入光合细菌，改善水质，添加浓度为 30 毫克/升。

（2）使用蟹康 5 毫克/升全池泼洒，先加 10 倍水煮沸 30 分钟后，连药渣带水全池洒。

（3）在蟹苗入池的第二天可用 5 毫克/升的福尔马林溶液全池泼洒，8 小时后换水。

（4）发病时，可用 30 毫克/升的福尔马林溶液全池泼洒，6 小时后换水，投饵时加入 0.5% 的蟹康宁投喂。

2. 及时培育天然饵料，提高幼蟹体质

在购苗前5～7天，每亩用500千克牛粪或300千克人粪尿经腐熟后泼洒或堆放，也可亩施10千克尿素、5千克过磷酸钙，施用有机肥和无机肥的目的是培肥水质，培育大眼幼体及幼蟹喜食的天然活饵，减少人工投饵量。

3. 适度放养，加强养殖管理

幼蟹培育池通常采用土池，面积以150平方米为宜，放养蟹苗2～2.5千克。蟹苗池中要投放适量的浮萍、栽种水花生等水生植物，它不仅是河蟹栖息、隐藏、攀附、蜕壳场所，而且还可提供部分饵料，同时也起到澄清水质的作用，一般水草面积控制在池面积的30%～45%为宜。

4. 调控水质，保持较好的生存环境

蟹苗对水质要求比较高，为使幼蟹顺利生长，就应做到保持水质清、新、肥、嫩、活、爽，透明度30～50厘米，pH值在7.5左右，溶氧保持在5毫克/升以上。掌握科学换水方法，前期水温低，换水次数少，一般3～5天左右换水1次，随水温上升换水次数应相应增加，换水前最好有预热水，换水时间定在11：00至14：00为宜，换水量宜控制在水体的1/4～1/3，而且换水时的温差不得超过3℃。

蟹苗刚入池时，水位在40～50厘米，随着幼蟹的生

长，水位宜适当增加，每期变态后水位增加 5～10 厘米。

5. 科学投饵，减少人为污染

在大眼幼体变态成Ⅰ期幼蟹期间，蟹苗基本不摄食，而是沿池边狂游，此时宜控制投饵量，防止败坏水质，投饵量占蟹体重的 2%～5%；其他各期投饵量维持在蟹体重的 10%～15%；集中变态期间不投饵；投饵应遵循"全池泼洒均匀、少量多次"的原则；每天及时清除残饵，减少水质污染。

第二节　幼蟹生长停滞的原因及防治措施

在培育仔幼蟹过程中，由于种种原因，在最终干塘起捕时，常出现部分个体偏小，似乎永远长不大的幼蟹。这些幼蟹多为Ⅳ～Ⅵ期的幼蟹，其个头大约只有Ⅲ期幼蟹一样，与同期的幼蟹相比，它们的体色更深，呈棕黑色，甲壳较小，近方形，步足无力，相当纤弱，活动能力差，摄食较少，常常在培育池的底部或淤泥处打洞栖居，样子很懒，俗称"懒蟹"。

一、幼蟹生长停滞的原因

1. 培育池内溶氧偏低

仔幼蟹对水体的溶氧要求较高，一般要求高于 5 毫克/升。当水体中溶氧量低于 4 毫克/升或更少时，幼蟹会大批沿边爬上岸（有防逃设施的则群聚在防逃设施底部），时间一长，有少数幼蟹因鳃部失水而死亡，部分幼蟹寻找打洞的场所，不再进行正常的摄食与活动，从而形成"懒蟹"。水草丰富的培育池会发现许多幼蟹爬上水草呼吸空气中的氧，一旦水体溶氧充足时，它们可以自由下水活动，并不影响生长。实践证明，在培育仔幼蟹时，池水中的溶氧往往成为幼蟹变态与生长的制约因子，溶氧不足时，便会导致"懒蟹"的形成，故在培育仔幼蟹时，应密切注意池水中溶氧的变化以及幼蟹活动的变化，一旦发现幼蟹沿池边爬动或到水草上呼吸，需立即开动增氧机增氧或生物增氧。

2. 饵料不足或投饵不均匀

在日常投饵中，有时会出现饵料不新鲜、投饵量不足或者投饵不均匀的现象，这样会造成部分幼蟹吃不到饵料，为了生存，时间一长，这部分蟹就会很少活动，总是待在池底，形成"懒蟹"。

3. 放苗密度过高

培育仔蟹的经济效益较高，单位面积效益较好，但是如果投放蟹苗密度过高，饵料不充足，水质控制不好时，而产生"懒蟹"。

二、"懒蟹"的预防

1. 保持水质清新、溶氧充足

在仔幼蟹进入Ⅲ期以后，力争每天中午换水（蜕壳高峰期可除外），每次换水时最好掌握在上午11时左右向外排水，排去池水的1/4～1/3，再向内注水，进水后水位基本保持平齐，不要有大的波动。如果夜里发现缺氧情况，应及时改用增氧剂或启动增氧机进行增氧。

2. 适当控制放养密度

放养密度过小，经济效益跟不上来，但一味追求高密度养殖，则易导致"懒蟹"的形成，因此，蟹苗的放养密度应视各自的技术水平、管理水平而定。

3. 增加水草覆盖率

仔幼蟹培育池水草覆盖率应保持在35%～40%，最好达50%，这样既可为幼蟹提供植物性饵料，又可以为仔幼蟹的栖息生长创造一个良好的生态环境，此外水草的光合作用还可以增加水体的溶氧。

4. 保证饵料的量与质的供应，做到计划投饵

仔幼蟹的饵料应以鲜活的动物性饵料为主，各期的投饵方法、投饵时间、投饵量均不同。每天的投饵量及动植物蛋白质的配比应视各期仔幼蟹的生长情况而定，

做到有计划投饵，以保证幼蟹生长发育所需的营养需求，减少"懒蟹"的形成。

5. 专池培养

如果发现培育池中"懒蟹"较多时，除采取上述积极措施外，在起捕幼蟹时，将"懒蟹"全部取出，放在面积适宜的水泥池中专门饲养。集中饲养"懒蟹"的水泥池，要求水质良好，挂吊的水草要新鲜茂盛，进排水便利，并要多投喂些蛋白质含量较高的饵料，还要适当加一些蜕壳素，以保证其顺利蜕壳生长，经过 1 个半月的科学强化饲养，可将它们放入大塘中正常饲养。

第三节　河蟹的蜕壳与管理

在培育仔幼蟹时，大眼幼体需经一次蜕皮后才能变态成 I 期幼蟹，从 I 期幼蟹培育成 V～Ⅵ 期幼蟹则要经过 4～5 次蜕壳才能完成。蜕壳（皮）不仅是幼蟹发育变态的一个标志。也是其个体生长的一个必要的步骤，这是因为河蟹是甲壳类动物，身体有甲壳包裹，只有随着幼体的蜕皮或仔幼蟹的蜕壳，才能发生形态的改变和体形的增大。

一、蟹苗的蜕皮和幼蟹的蜕壳

大眼幼体在蜕皮之前会有一些征兆出现，当发现后期的大眼幼体只能作爬行，丧失了游泳能力时，这是即将蜕皮变态成Ⅰ期幼蟹的征兆，这种蜕皮过程必须在放大镜下才能看得清楚。大眼幼体在蜕去旧皮之前，柔软的新皮早已在老的皮层下面形成了。蜕皮时，先是体液浓度的增加，新体的皮层与旧体的皮层分离，在头胸甲的后缘与腹部交界处发生裂缝，新的躯体就从裂缝处蜕出来。在蜕皮时，通过身体各部肌肉的收缩，腹部先蜕出，接着头胸部及其附肢蜕出。刚蜕皮的幼蟹，由于身体柔软，组织大量吸收水分，体形显著增大，但活动能力很弱，常仰卧水底，有时长达一昼夜，待嫩壳变硬后，才能运动。

幼蟹的蜕壳比较容易看到，每蜕一次壳，身体就长大一些。在幼蟹蜕壳之前，身体表面就显出一些征兆，主要在腕节和长节之间出现一些皱纹。幼蟹蜕壳时，通常潜伏在水草丛中不久在头胸甲与腹部交界处产生裂缝，并在口部两侧的侧线处也出现裂缝，头胸甲逐渐向上耸起，裂缝越来越大，束缚在旧壳里的新体逐渐显露于壳外，接着腹部蜕出，最后额部和螯足才蜕出。幼蟹在蜕去外壳的同时，它的内部器官，如胃、鳃、后肠以及三角膜也要蜕去几丁质的旧皮，就连胃内的齿板与栉状骨也要更新。另外，蟹体上的刚毛也随着旧壳一起蜕去，新的刚毛将由新体长出。

幼蟹正在蜕壳时，常常静伏不动，如果受到惊吓或者蟹壳受伤，那么蜕壳的时间就会大大延长，如果蜕壳发生障碍，就会引起死亡。幼蟹蜕壳后，皱褶在旧壳里的新体舒张开来，体形随之增大，新蟹颜色黛黑，身体柔软，肢体软弱无力，活动能力较弱，螯足绒毛粉红，常称为"软壳蟹"。软壳蟹的新壳在 24 小时后才能达到一定硬度，才具有防御功能。如果软壳蟹受了伤或受了惊吓，就不容易恢复原状，常常会引起死亡。另外软壳蟹丧失了防御能力和活动能力常常成为敌害侵袭的目标，甚至成为同类相残的牺牲品。

二、幼蟹蜕壳期间的管理

幼蟹蜕壳期间的管理是整个仔幼蟹培育过程中的重要时期，这项工作做得好与否，直接关系到幼蟹的生长发育。因此，在仔幼蟹蜕壳期间，必须认真加强下述各项管理措施：

1. 调节水质，掌握浅水蜕壳

幼蟹在蜕壳时，池水不可灌得太多，因为水位深，蟹体承受压力大，就会增加幼蟹蜕壳的困难。根据仔幼蟹培育的特点，可在蜕壳前 1 天换水时，降低水位 3～5 厘米，另一方面，在开挖培育池时，可适当留一定的坡比，以供仔幼蟹蜕壳时用。

2. 营造合适的环境

幼蟹蜕壳时喜欢在安静的地方或者隐蔽的地方，因而在培育仔幼蟹时，应保证有足够的水草，以供给仔幼蟹栖息和蜕壳场所。另一方面，在幼蟹蜕壳时，应尽量少让人进入池内，也少用捞海打苗检查，更不能让鹅、鸭等家禽进入培育池，以免使它们蜕壳受惊，引起死亡。

3. 科学起捕

幼蟹一般带水蜕壳，因而要防止蟹体内脱水，主要是防止旧壳与新体间水分干涸，造成枯竭，使新皮与旧壳连贴在一起。所以在起捕时一定要在 V～Ⅵ 期幼蟹蜕壳后 3～4 天开始起捕，切忌正在蜕壳时捕捞或运输。

4. 严防仔幼蟹在蜕壳期间相互残杀

在河蟹普遍蜕壳的时候，应加强饵料管理，确保饵料的质与量的供应，对没有蜕壳的幼蟹多投喂一些幼蟹喜食的动物性饵料。如果幼蟹饲料不充足，就容易发生相互残杀，特别是容易围攻"软壳蟹"。

5. 注意幼蟹蜕壳时的温度管理

在幼蟹蜕壳时，要保证白天和夜晚的水体温差小于 3℃防止因温度的骤变而造成幼蟹感冒，给生长发育带来影响。

第八章　河蟹的捕捞与运输

第一节　河蟹的捕捞

一、捕捞时间

"秋风呼，蟹爪痒"，经过一个夏季的饲养，到了秋天时，"黄满膏肥"，这时就可以捕捞了。一般大水面捕捞时间宜在重阳节前后，精养蟹池的捕捞时间可以推后一点，为了提高大水面的捕获量，可将重阳节期间捕捞的河蟹放入精养池中进一步囤养。

二、地笼张捕

最有效的捕捞方式是用地笼张捕，地笼网是最常用的捕捞工具。每只地笼长10～20米，分成10～20个方形的格子，每只格子间隔的地方两面带倒刺，笼子上方织有遮挡网，地笼的两头分别圈为圆形，地笼网以有结网为好。

头天下午或傍晚把地笼放入池边浅水中，里面放进腥味较浓的鱼块、鸡肠等作诱饵效果更好，网衣尾部漏出水面，傍晚时分，河蟹出来寻食时，闻到腥味，寻味而至，碰到笼子后，笼子上方有网挡着，爬不上去，便四处找入口，就钻进了笼子。进了笼子的河蟹滑向笼子深处，成为笼中之蟹。第二天早晨就可以从笼中倒出河蟹。

三、手抄网捕捞

把手抄网上方扎成四方形，下面留有带倒锥状的漏斗，沿蟹塘边沿地带或水草丛生处，不断地用杆子赶，蟹进入四方形抄网中，提起网，蟹就留在了网中，这种捕捞法适宜用在水浅而且河蟹密集的地方，特别是在水草比较茂盛的地方效果非常好。

四、干池捕捉

抽干水塘的水，河蟹便集中在塘底，用人工手拣的方式捕捉。要注意的是，抽水之前最好先将池边的水草清理干净，避免河蟹躲藏在草丛中；抽水的速度最好快一点，以免河蟹进洞。

第二节　河蟹的运输

一、蟹苗的运输

河蟹苗的运输是发展河蟹增养殖生产的重要一环，运输存活率的高低直接影响着增养殖产量的效益。蟹苗运输方法主要有两种，一种是蟹苗箱干法运输，另一种是尼龙袋充氧水运。这两种方法各有特点，适应不同需要。实践证明，只要掌握得当，运输的存活率都可达80％以上。目前用的最多的还是蟹苗箱干法运输。

1. 装运蟹苗的工具

目前大部分运输蟹苗采用干法运输法，装运蟹苗的工具是一种特别的蟹苗运输箱。蟹苗箱为长方体，常见规格为60厘米×40厘米×20厘米，箱两长边各开一个长方形的气窗，规格为40厘米×10厘米，两短边气窗的规格为20厘米×10厘米，气窗用塑料纱窗密封，箱底用16目筛绢固定镶嵌蒙上，成套的蟹苗箱上下层之间应层层扣住，最上面一层应封好，不能让蟹苗逃跑。箱框用木料制成，杉木为最好，因其质量轻且易吸水，能使箱体保持潮湿且便于搬运。

2. 装蟹数量和方法

装蟹苗数量应根据气温高低，运输距离远近、蟹苗体质好坏等因素而定。健壮的蟹苗，气温在14～18℃的情况下，每箱装苗0.75～1.25千克。运输距离远、气温高时，可适当少装。

运输前先将箱框在水中浸泡一夜，让箱体保持潮湿状，以利于提高运输时的成活率。具体装箱方法是：先在箱底铺设一层水花生或聚草、棕榈皮、丝瓜瓤等，这样既增加箱内的湿度，又增加了蟹苗的活动空间，可防止蟹苗在运输途中颠堆积在一起，而窒息死亡。但应注意两点：一是棕榈皮、丝瓜瓤应尽量不用，若用时要先用开水浸泡或蒸煮消毒；二是水草等铺设物浸水后，应用力抖一下，不能积聚过多的水分，一般以箱体潮湿不滴水为度。在装箱时，应尽可能将漂洗干净的蟹苗均匀放在苗箱内，并注意动作要轻，将堆积的蟹苗松散开，防止蟹苗的四肢被水黏附，导致活动能力下降而死亡。如水分太多，蟹苗黏结时，可将苗箱稍微倾斜，流去多余积水，或用手指轻轻地把蟹苗挑松后叠装起运。

3. 运输蟹苗技术要点

生产上掌握蟹苗运输的要点是如何掌握好湿度、温度和合理通风。低温、保持湿润和有足够溶氧的供应是提高蟹苗运输成活率的技术关键。其技术要点主要包括以下几点：

（1）5月份的露天苗尽量争取夜间运输和阴天运输，因为夜间和阴天气温比较低，有利于苗箱内温度的保持；2～3月份的温棚苗应在早晨起运，减少温差的影响。

（2）淡化后才能运输，淡化是蟹苗从一定盐度的海水中培育出来后，进入淡水前必须经过的程序。若蟹苗不经淡化直接放入淡水水域中，半小时后即麻醉昏迷，继之死亡。一般淡化4～5天后才可运输，淡化要逐日按梯度进行，运输时的淡化浓度不能高于7‰～8‰，一般以2‰～3‰为最佳。

（3）在运输时，时间最好不要超过40小时。蟹苗从蚤状幼体发育到大眼幼体阶段，具有较强的调节渗透压的能力，能适应淡水生活，有很强的趋光性，用大螯能捕捉食物，并有攀附能力，能适应 24 小时的潮湿运输。试验证明蟹苗离水 24 小时存活率可达 90% 以上，离水 36~48 小时仍有 60%~80% 存活，但 48 小时后，存活率降至 50% 以下。因此，在蟹苗长途运输时，时间愈短愈好，尽量减少时间的延误。

（4）白天运输时应避免阳光直射，在成套的蟹苗箱处再盖上一层窗纱。

（5）若运输时间在 24 小时之内的，每箱可装 1~1.25 千克，苗箱内水草厚度可达 5 厘米，蟹苗厚度在 3 厘米左右；若运输时间在 36 小时以内的，每箱可装 0.75~1 千克，水草厚度可达 8 厘米，蟹苗厚度在 1~1.5 厘米。

（6）蟹苗装入苗箱时，必须防止蟹苗四肢黏附较多的水分。蟹苗箱的水草水分也不宜太多，因为在装运时如果水分过多，苗层通透性不良，底层蟹苗支撑力减弱，导致缺氧窒息而死。

（7）运输时尽量避免凉风直吹蟹苗，尽量防止蟹苗鳃部水分被蒸发干燥。

（8）采用汽车等运输工具运蟹苗时，车顶及四周要遮盖，注意在保持温度的前提下，防风、防晒、防雨淋、防高温、防尘埃以及防止强烈震动。

（9）经过一段运输历程后，可以用喷雾器定时喷水，以保持蟹苗湿润，但水分不宜喷得过多，否则易使蟹苗四肢黏附水滴，使蟹苗丧失支撑力而死亡。

（10）目前生产上常用桑塔那轿车或昌河面包车运输蟹苗，具有便捷、快速的优点。

二、幼蟹的运输

幼蟹离水后的生命力远比蟹苗强，运输幼蟹比蟹苗方便。但幼蟹的活运输能力很强，爬行迅速，装运时应做到轻快，严禁倾倒，以免蟹体受伤或断足。

在运输前应将幼蟹放在清水里漂洗一下，不要投喂饵料，以减少中途运输的死亡率。在运输时可用专用的小网兜来装幼蟹，每兜可装 5 千克左右。然后将这些网兜装在蟹苗箱或小竹篓进行运输，每篓 15～20 千克。也可以用用草包盛蟹，套塑料编结袋子，外用四角竹撑的筏篓套装，以增加叠装时的抗压强度，每篓装蟹种 200 千克，加木板盖，叠装不超过 4 层，上下左右靠紧，汽车装运输用大油布覆盖包扎。途中防止风吹日晒，运输 24～48 小时，存活率一般在 90% 以上。

幼蟹运输时也要注意七防，即：防晒、防高温、防风、防雨淋、防冻、防干燥（指幼蟹潮湿运输）、防温差大。

三、商品蟹的运输

根据河蟹的商品特性，销售的商品蟹必须鲜活。这是因为河蟹一旦死亡，它体内的组氨酸就会分解转化成有毒性的组胺，对人体是非常不利的。如果食用不当，会造成人体中毒。因此如何保证河蟹鲜活并安全运输到销售地点，是商品蟹运输中的重要一环。

少量的商品蟹可以用手提或包拎就可以了，也可以用草绳或塑料绳将商品蟹一捆绑就可以随身带走了。但是大批量商品蟹的运输就不是这么简单的了，首先在运输前需要对商品蟹进行适当的包装，这种包装对于提高河蟹的品牌价值和市场认知度是非常有好处的。商品蟹的包装可分为精包装和简包装，目前常用的包装是简包装，工具有蟹笼、竹筐、柳条筐以及草包、蒲包、木桶等。商品蟹在包装时，应先在蟹笼、竹筐中垫入一层浸湿的稀眼草包或者蒲包，然后将挑选待运的商品蟹逐只分层码放在筐内。放置时，应使河蟹背部朝上腹部朝下，力求码放平整、紧凑。河蟹装满后，且浸湿的草包盖好，再加盖压紧捆牢，不使河蟹在筐内活动，尽可能减少体力消耗，以提高运输存活率。精包装是专门用于礼品蟹的包装，走的销售方式是高端路线，一般是用于大规格、无公害、品牌效应好的商品蟹，例如阳澄湖的大闸蟹就是以一对一对进行包装的，价格也达到了每只近百元。

商品蟹大批量长途运输可用汽车、轮船或飞机。运输装车前，应将装好蟹的蟹筐在水中浸泡一下，或用人工喷水，使蟹筐和蟹鳃腔内保持一定的水分，以保证河蟹在运输途中始终处于潮湿的环境中。装满蟹的蟹笼、蟹筐，在装卸时要注意轻拿轻放，禁止抛掷或挤压。用汽车长途装运，蟹笼、蟹筐上还要用湿蒲包或草包盖好，使车的两侧和迎风面不被风吹、日晒。途中要定期加水喷淋。运输1～2日中转时，应打开蟹筐，检查筐内河蟹存活情况，如发现死蟹较多，需立即倒筐，剔除死蟹，并用新鲜河水冲洗活蟹，以防途中死亡蔓延。

四、抱卵河蟹的运输

一般情况下抱卵河蟹是不提倡运输的，这是因为抱卵河蟹的腹部有大量卵粒（胚胎）附着，因此，对外界环境条件的变化十分敏感。一般认为，抱卵蟹尤其是胚胎已发育至晚期的抱卵蟹难于长途运输。

首先将篾篓底部上层厚约8厘米的水草，然后依次放一层蟹，铺一层水草，最上边盖以10厘米的一层水草遮面；包装时应注意将抱卵蟹腹部朝下，不翻放，不侧放，不叠放；包装后，喷足原池半咸水，即刻启程。将篾篓放置在振动较小、无强风吹拂的双排座汽车的后排座位上，途中按时检查河蟹是否移位，并且根据水草的湿润程度，及时用原池中的半咸水喷浇，到达目的地，经逐只检查后，及时投入池中。

附录 1　养蟹三字经

河蟹热，全国养；有人赢，有人伤；如何养，细思量；三字经，帮尔忙；规律循，科学讲；技术精，可推广。

地

养大蟹，面积广；大水面，围栏养；常规下，备池塘；十来亩，最适量；去杂草，挖淤泥；洒石灰，除病菌；漂白粉，也常用；可带水，可干施；撒池底，耙均匀；用药量，计算精。

水

塘整好，再放水；要过滤，防敌害；蛙鼠蛇，要杀死；食幼蟹，不留情；水源优，符要求；污染水，勿停留；防感染，渠道分；一边进，一边排；施基肥，水质培；生物多，蟹饵广。

种

苗种健，是根本；论来源，杂又多；各品种，效果

异；长江蟹，最正宗；瓯辽蟹，常冒充；选蟹种，心要
细；仔细辨，认真看；先查病，再查残；附肢全，无早
熟；规格齐，斤八十。

饵

养好蟹，很简单；喂饱食，不殆慢；饵料广，容易
得；吞食快，有点贪；死鱼虾，可做饵；活田螺，最适
宜；植物饵，瓜果桃；颗粒饵，效果好；投饵技，要记
牢；两头粗，中间精。

草

蟹大小，看水草；足见得，草重要；种苦草，最适
宜；伊乐藻，不可少；诱生物，供活饵；调水质，是一
宝；盛夏时，可遮阴；蟹蜕壳，可隐藏；生物链，最重
要；缺了它，效益差。

密

密养蟹，个头小；口感差，价格滑；过度稀，质虽
好；产量低，效益孬；故密度，很重要；量适宜，利润
好；亩八百，最适宜；技术好，可达千；大水面，亩二
百；优规格，胜品质。

混

单养蟹，风险高；若保险，混养好；据特性，选品
种；吃蟹草，要弃掉；生态灶，不重复；花白鲢，最简

单；银鲫鱼，最常见；蟹鳜混，蟹鲌蚌；套养虾，稻蟹作；多品种；效益高。

防

君若问，防什么；听我言，你知晓；七大防，记心脑；一防逃，很重要；二防病，莫轻视；三水质，要清新；四异常，及时防；五防偷，减损失；六防汛，毁堤埂；七早熟，放心上。

管

三分养，七分管；渔事谚，蟹同理；勤巡视，是大事；早中晚，各有异；早巡塘，清残饵；午巡塘，查长势；晚巡塘，蟹觅食；清碎草，投活饵；控水质，防逃跑；诸要事，均管好。

病

防蟹病，要上心；先预防，后治病；污染源，勿亲近；病死蟹，深坑埋；蟹用具，消毒勤；避敌害，杀病菌；生态防，效益显；蟹生病，及时治；判病因，选蟹药；严要求，慎搭配。

逃

秋风响，蟹爪痒；生理逃，要预防；防逃板，先建好；厚薄膜，也可靠；上反檐，莫忘掉；平日里，也防逃；进水口，很重要；蟹逆水，逃技高；堵鳝洞，防遁逃；各措施，预防好。

捕

蟹养成，要上市；在水里，快捕起；大水面，方法多；赶拦刺，是常技；辅地笼，蟹捕完；小池塘，操作强；地笼诱；捕蟹忙；夜晚到，灯光照；塘边蟹，莫溜掉；干塘捕，是绝招。

市

蟹卖钱，看品质；质量好，价格高；规格大，市场俏；同样货，不同价；只因为，时间差；蟹暂养，瞅时机；卖高价，提效益；节假日，齐上市；莫起哄，价格低；看机会，再出售。

三字经，千文技；分类别，已详叙；论要点，十三技；今抛砖，盼引玉；诚希望，助友力；若有误，请指示。

附录2 河蟹养殖高产"十字"诀

勤劳致富奔小康　河蟹养殖来帮忙
若要蟹池产量高　十字口诀记心上
水种饵草四要素　混病管逃上规章
合理密度大规格　及时起捕找市场
科学饲养环环紧　字字句句不能忘
具体实施要实际　从放到收细思量

水

养蟹要素水为先　水质水位和水源
水源充足有保障　进排渠道两条线
水位正常一米深　盛夏加水避高温
水质偏碱要新鲜　促进蜕壳常换水

种

养蟹成功靠蟹种　长江蟹苗最正宗
瓯蟹辽蟹早熟蟹　认真鉴别优劣种
规格整齐体质壮　每斤八十最适中
投放时间要抢早　最好入池在深冬

饵

饵料讲究营养性　　合理搭配精和青
投饲原则有"五定"　"四看"技术要记清
广辟饵源降成本　　天然饲料最省钱
每日投饲要新鲜　　清晨残渣要除尽

草

蟹大小，看水草　　苦草聚草伊乐藻
全池均匀分布到　　水中森林好处多
盛夏遮阴降水温　　蜕壳避敌将身藏
澄清水质省饵料　　提高品质抢市场

密

若要河蟹价格高　　规格要大都知道
密度过千成蟹小　　口感较质无人要
因此密度要把关　　每亩六百比较好
如果措施都到位　　八百放养不宜超

混

混养提高生产力　　合理品种是前提
合适鱼虾都可混　　效益最好是青虾
如今科技大发展　　鳜蟹混养赶时机
鲌鱼已呈后起秀　　混养套养都适宜

管

管是生产一大难	抓好要领也不烦
一日三巡河蟹塘	顺便查查防逃板
监测水质是大事	石灰常施促高产
及时杀灭天敌害	蛇蛙鼠虫把病患

病

河蟹生病在水中	及时预防重中重
一旦生了抖抖病	人人见了头都痛
预防措施千万条	水质清新最重要
平时多施生石灰	硝化细菌也用到

逃

河蟹养殖要防逃	各种措施要做好
塑料薄膜最简单	有机玻璃代价高
最宜选用防逃板	性价比例差不了
平时多查塘埂洞	鳝洞虾洞蟹也跑

捕

一年辛苦看结果	蟹在塘中及时捕
首先算好出塘日	以免压塘难出手
地笼张捕最省事	大小水面都适宜
灯光照捕很科学	干塘捉捕算总账

今日小作"十字"诀　希望抛砖可引玉
只要兄弟发大财　　本人心愿已足矣

注：五定即定时、定点、定质、定量、定人。

四看即看天气、看水质变化、看河蟹摄食及活动情况、看生长态势。